U0173766

贝克通识文库

李雪涛　主编

太空旅行史

[德] 君特·西法特　著

何庆元　译

北京出版集团

北京出版社

著作权合同登记号：图字 01-2021-7322

GESCHICHTE DER RAUMFAHRT by Günter Siefarth ©Verlag
C.H.Beck oHG, München 2001

图书在版编目（CIP）数据

太空旅行史 / （德）君特·西法特著；何庆元译 . ——
北京：北京出版社，2024.3
ISBN 978-7-200-17055-9

Ⅰ. ①太… Ⅱ. ①君… ②何… Ⅲ. ①航天探测器—
普及读物 Ⅳ. ① V476-49

中国版本图书馆 CIP 数据核字（2022）第 026391 号

总 策 划：高立志　王忠波　　选题策划：王忠波
责任编辑：王忠波　　　　　　责任营销：猫　娘
责任印制：陈冬梅　　　　　　装帧设计：吉　辰

太空旅行史
TAIKONG LÜXING SHI
〔德〕君特·西法特　著
何庆元　译

出　　版　北京出版集团
　　　　　北 京 出 版 社
地　　址　北京北三环中路 6 号
邮　　编　100120
网　　址　www.bph.com.cn
发　　行　北京伦洋图书出版有限公司
印　　刷　北京汇瑞嘉合文化发展有限公司
经　　销　新华书店
开　　本　880 毫米 ×1230 毫米　1/32
印　　张　5.25
字　　数　95 千字
版　　次　2024 年 3 月第 1 版
印　　次　2024 年 3 月第 1 次印刷
书　　号　ISBN 978-7-200-17055-9
定　　价　49.00 元

如有印装质量问题，由本社负责调换
质量监督电话　010-58572393

献给罗斯玛丽

第一颗人造地球卫星升空后

在工作生活中一直陪伴着我

宽容我

鼓励我

接续启蒙运动的知识传统

——"贝克通识文库"中文版序

一

我们今天与知识的关系，实际上深植于17—18世纪的启蒙时代。伊曼努尔·康德（Immanuel Kant，1724—1804）于1784年为普通读者写过一篇著名的文章《对这个问题的答复：什么是启蒙?》（*Beantwortung der Frage: Was ist Aufklärung?*），解释了他之所以赋予这个时代以"启蒙"（Aufklärung）的含义：启蒙运动就是人类走出他的未成年状态。不是因为缺乏智力，而是缺乏离开别人的引导去使用智力的决心和勇气！他借用了古典拉丁文学黄金时代的诗人贺拉斯（Horatius，前65—前8）的一句话：Sapere aude！呼吁人们要敢于去认识，要有勇气运用自己的智力。[1]启蒙运动者相信由理性发展而来的知识可

---

[1] Cf. Immanuel Kant, *Beantwortung der Frage: Was ist Aufklärung?* In: *Berlinische Monatsschrift*, Bd. 4, 1784, Zwölftes Stück, S. 481–494. Hier S. 481. 中文译文另有：(1)"答复这个问题：'什么是启蒙运动?'"见康德著，何兆武译：《历史理性批判文集》，商务印书馆1990年版（2020年第11次印刷本，上面有2004年写的"再版译序"），第23—32页。(2)"回答这个问题：什么是启蒙?"见康德著，李秋零主编：《康德著作全集》(第8卷·1781年之后的论文)，中国人民大学出版社2013年版，第39—46页。

以解决人类存在的基本问题，人类历史从此开启了在知识上的启蒙，并进入了现代的发展历程。

启蒙思想家们认为，从理性发展而来的科学和艺术的知识，可以改进人类的生活。文艺复兴以来的人文主义、新教改革、新的宇宙观以及科学的方法，也使得17世纪的思想家相信建立在理性基础之上的普遍原则，从而产生了包含自由与平等概念的世界观。以理性、推理和实验为主的方法不仅在科学和数学领域取得了令人瞩目的成就，也催生了在宇宙论、哲学和神学上运用各种逻辑归纳法和演绎法产生出的新理论。约翰·洛克（John Locke，1632—1704）奠定了现代科学认识论的基础，认为经验以及对经验的反省乃是知识进步的来源；伏尔泰（Voltaire，1694—1778）发展了自然神论，主张宗教宽容，提倡尊重人权；康德则在笛卡尔理性主义和培根的经验主义基础之上，将理性哲学区分为纯粹理性与实践理性。至18世纪后期，以德尼·狄德罗（Denis Diderot，1713—1784）、让-雅克·卢梭（Jean-Jacques Rousseau，1712—1778）等人为代表的百科全书派的哲学家，开始致力于编纂《百科全书》(*Encyclopédie*) ——人类历史上第一部致力于科学、艺术的现代意义上的综合性百科全书，其条目并非只是"客观"地介绍各种知识，而是在介绍知识的同时，夹叙夹议，议论时政，这些特征正体现了启蒙时代的现代性思维。第一卷开始时有一幅人类知识领域的示意图，这也是第一次从现代科学意义上对所有人类知识进行分类。

实际上，今天的知识体系在很大程度上可以追溯到启蒙时代以实证的方式对以往理性知识的系统性整理，而其中最重要的突破包括：卡尔·冯·林奈（Carl von Linné，1707—1778）的动植物分类及命名系统、安托万·洛朗·拉瓦锡（Antoine-Laurent Lavoisier，1743—1794）的化学系统以及测量系统。[1]这些现代科学的分类方法、新发现以及度量方式对其他领域也产生了决定性的影响，并发展出一直延续到今天的各种现代方法，同时为后来的民主化和工业化打下了基础。启蒙运动在18世纪影响了哲学和社会生活的各个知识领域，在哲学、科学、政治、以现代印刷术为主的传媒、医学、伦理学、政治经济学、历史学等领域都有新的突破。如果我们看一下19世纪人类在各个方面的发展的话，知识分类、工业化、科技、医学等，也都与启蒙时代的知识建构相关。[2]

由于启蒙思想家们的理想是建立一个以理性为基础的社会，提出以政治自由对抗专制暴君，以信仰自由对抗宗教压迫，以天赋人权来反对君权神授，以法律面前人人平等来反对贵族的等级特权，因此他们采用各民族国家的口语而非书面的拉丁语进行沟通，形成了以现代欧洲语言为主的知识圈，并创

---

1 Daniel R. Headrick, *When Information Came of Age: Technologies of Knowledge in the Age of Reason and Revolution, 1700-1850.* Oxford University Press, 2000, p. 246.

2 Cf. Jürgen Osterhammel, *Die Verwandlung der Welt: Eine Geschichte des 19. Jahrhunderts.* München: Beck, 2009.

造了一个空前的多语欧洲印刷市场。[1]后来《百科全书》开始发行更便宜的版本，除了知识精英之外，普通人也能够获得。历史学家估计，在法国大革命前，就有两万多册《百科全书》在法国及欧洲其他地区流传，它们成为向大众群体进行启蒙及科学教育的媒介。[2]

从知识论上来讲，17世纪以来科学革命的结果使得新的知识体系逐渐取代了传统的亚里士多德的自然哲学以及克劳迪亚斯·盖仑（Claudius Galen，约129—200）的体液学说（Humorism），之前具有相当权威的炼金术和占星术自此失去了权威。到了18世纪，医学已经发展为相对独立的学科，并且逐渐脱离了与基督教的联系："在（当时的）三位外科医生中，就有两位是无神论者。"[3]在地图学方面，库克（James Cook，1728—1779）船长带领船员成为首批登陆澳大利亚东岸和夏威夷群岛的欧洲人，并绘制了有精确经纬度的地图，他以艾萨克·牛顿（Isaac Newton，1643—1727）的宇宙观改变了地理制图工艺及方法，使人们开始以科学而非神话来看待地理。这一时代除了用各式数学投影方法制作的精确地图外，制

1 Cf. Jonathan I. Israel, *Radical Enlightenment: Philosophy and the Making of Modernity 1650-1750*. Oxford University Press, 2001, p. 832.

2 Cf. Robert Darnton, *The Business of Enlightenment: A Publishing History of the Encyclopédie, 1775-1800*. Harvard University Press, 1979, p. 6.

3 Ole Peter Grell, Dr. Andrew Cunningham, *Medicine and Religion in Enlightenment Europe*. Ashgate Publishing, Ltd. , 2007, p. 111.

图学也被应用到了天文学方面。

正是借助于包括《百科全书》、公共图书馆、期刊等传播媒介，启蒙知识得到了迅速的传播，同时也塑造了现代学术的形态以及机构的建制。有意思的是，自启蒙时代出现的现代知识从开始阶段就是以多语的形态展现的：以法语为主，包括了荷兰语、英语、德语、意大利语等，它们共同构成了一个跨越国界的知识社群——文人共和国（Respublica Literaria）。

当代人对于知识的认识依然受启蒙运动的很大影响，例如多语种读者可以参与互动的维基百科（Wikipedia）就是从启蒙的理念而来："我们今天所知的《百科全书》受到18世纪欧洲启蒙运动的强烈影响。维基百科拥有这些根源，其中包括了解和记录世界所有领域的理性动力。"[1]

二

1582年耶稣会传教士利玛窦（Matteo Ricci，1552—1610）来华，标志着明末清初中国第一次规模性地译介西方信仰和科学知识的开始。利玛窦及其修会的其他传教士入华之际，正值欧洲文艺复兴如火如荼进行之时，尽管囿于当时天主教会的意

---

1 Cf. Phoebe Ayers, Charles Matthews, Ben Yates, *How Wikipedia Works: And How You Can Be a Part of It.* No Starch Press, 2008, p. 35.

识形态，但他们所处的时代与中世纪迥然不同。除了神学知识外，他们译介了天文历算、舆地、水利、火器等原理。利玛窦与徐光启（1562—1633）共同翻译的《几何原本》前六卷有关平面几何的内容，使用的底本是利玛窦在罗马的德国老师克劳（Christopher Klau/Clavius, 1538—1612，由于他的德文名字 Klau 是钉子的意思，故利玛窦称他为"丁先生"）编纂的十五卷本。[1]克劳是活跃于16—17世纪的天主教耶稣会士，其在数学、天文学等领域建树非凡，并影响了包括伽利略、笛卡尔、莱布尼茨等科学家。曾经跟随伽利略学习过物理学的耶稣会士邓玉函 [Johann(es) Schreck/Terrenz or Terrentius，1576—1630] 在赴中国之前，与当时在欧洲停留的金尼阁（Nicolas Trigault，1577—1628）一道，"收集到不下七百五十七本有关神学的和科学技术的著作；罗马教皇自己也为今天在北京还很著名、当年是耶稣会士图书馆的'北堂'捐助了大部分的书籍"。[2]其后邓玉函在给伽利略的通信中还不断向其讨教精确计算日食和月食的方法，此外还与中国学者王徵（1571—1644）合作翻译《奇器图说》（1627），并且在医学方面也取得了相当大的成就。邓玉函曾提出过一项规模很大的有关数学、几何

1 *Euclides Elementorum Libri XV,* Rom 1574.

2 蔡特尔著，孙静远译：《邓玉函，一位德国科学家、传教士》，载《国际汉学》，2012年第1期，第38—87页，此处见第50页。

学、水力学、音乐、光学和天文学（1629）的技术翻译计划，[1]
由于他的早逝，这一宏大的计划没能得以实现。

　　在明末清初的一百四十年间，来华的天主教传教士有五百
人左右，他们当中有数学家、天文学家、地理学家、内外科医
生、音乐家、画家、钟表机械专家、珐琅专家、建筑专家。这
一时段由他们译成中文的书籍多达四百余种，涉及的学科有宗
教、哲学、心理学、论理学、政治、军事、法律、教育、历
史、地理、数学、天文学、测量学、力学、光学、生物学、医
学、药学、农学、工艺技术等。[2]这一阶段由耶稣会士主导的
有关信仰和科学知识的译介活动，主要涉及中世纪至文艺复兴
时期的知识，也包括文艺复兴以后重视经验科学的一些近代科
学和技术。

　　尽管耶稣会的传教士们在17—18世纪的时候已经向中国
的知识精英介绍了欧几里得几何学和牛顿物理学的一些基本知
识，但直到19世纪50—60年代，才在伦敦会传教士伟烈亚力
（Alexander Wylie，1815—1887）和中国数学家李善兰（1811—
1882）的共同努力下补译完成了《几何原本》的后九卷；同样
是李善兰、傅兰雅（John Fryer，1839—1928）和伟烈亚力将牛

1　蔡特尔著，孙静远译：《邓玉函，一位德国科学家、传教士》，载《国际汉学》，
　　2012年第1期，第58页。

2　张晓编著：《近代汉译西学书目提要：明末至1919》，北京大学出版社2012年版，
　　"导论"第6、7页。

顿的《自然哲学的数学原理》(*Philosophiae Naturalis Principia Mathematica*，1687) 第一编共十四章译成了汉语——《奈端数理》(1858—1860)。[1]正是在这一时期，新教传教士与中国学者密切合作开展了大规模的翻译项目，将西方大量的教科书——启蒙运动以后重新系统化、通俗化的知识——翻译成了中文。

1862年清政府采纳了时任总理衙门首席大臣奕䜣 (1833—1898) 的建议，创办了京师同文馆，这是中国近代第一所外语学校。开馆时只有英文馆，后增设了法文、俄文、德文、东文诸馆，其他课程还包括化学、物理、万国公法、医学生理等。1866年，又增设了天文、算学课程。后来清政府又仿照同文馆之例，在与外国人交往较多的上海设立上海广方言馆，广州设立广州同文馆。曾大力倡导"中学为体，西学为用"的洋务派主要代表人物张之洞 (1837—1909) 认为，作为"用"的西学有西政、西艺和西史三个方面，其中西艺包括算、绘、矿、医、声、光、化、电等自然科学技术。

根据《近代汉译西学书目提要：明末至1919》的统计，从明末到1919年的总书目为五千一百七十九种，如果将四百余种明末到清初的译书排除，那么晚清至1919年之前就有四千七百多种汉译西学著作出版。梁启超 (1873—1929) 在

---

1 1882年，李善兰将译稿交由华蘅芳校订至1897年，译稿后遗失。万兆元、何琼辉：《牛顿〈原理〉在中国的译介与传播》，载《中国科技史杂志》第40卷，2019年第1期，第51—65页，此处见第54页。

1896年刊印的三卷本《西学书目表》中指出："国家欲自强，以多译西书为本；学者欲自立，以多读西书为功。"[1]书中收录鸦片战争后至1896年间的译著三百四十一种，梁启超希望通过《读西学书法》向读者展示西方近代以来的知识体系。

不论是在精神上，还是在知识上，中国近代都没有继承好启蒙时代的遗产。启蒙运动提出要高举理性的旗帜，认为世间的一切都必须在理性法庭面前接受审判，不仅倡导个人要独立思考，也主张社会应当以理性作为判断是非的标准。它涉及宗教信仰、自然科学理论、社会制度、国家体制、道德体系、文化思想、文学艺术作品理论与思想倾向等。从知识论上来讲，从1860年至1919年"五四"运动爆发，受西方启蒙的各种自然科学知识被系统地介绍到了中国。大致说来，这些是14—18世纪科学革命和启蒙运动时期的社会科学和自然科学的知识。在社会科学方面包括了政治学、语言学、经济学、心理学、社会学、人类学等学科，而在自然科学方面则包含了物理学、化学、地质学、天文学、生物学、医学、遗传学、生态学等学科。按照胡适（1891—1962）的观点，新文化运动和"五四"运动应当分别来看待：前者重点在白话文、文学革命、西化与反传统，是一场类似文艺复兴的思想与文化的革命，而后者主

---

1 梁启超：《西学书目表·序例》，收入《饮冰室合集》，中华书局1989年版，第123页。

要是一场政治革命。根据王锦民的观点，"新文化运动很有文艺复兴那种热情的、进步的色彩；而接下来的启蒙思想的冷静、理性和批判精神，新文化运动中也有，但是发育得不充分，且几乎被前者遮蔽了"。[1] "五四"运动以来，中国接受了尼采等人的学说。"在某种意义上说，近代欧洲启蒙运动的思想成果，理性、自由、平等、人权、民主和法制，正是后来的'新'思潮力图摧毁的对象"。[2]近代以来，中华民族的确常常遭遇生死存亡的危局，启蒙自然会受到充满革命热情的救亡的排挤，而需要以冷静的理性态度来对待的普遍知识，以及个人的独立人格和自由不再有人予以关注。因此，近代以来我们并没有接受一个正常的、完整的启蒙思想，我们一直以来所拥有的仅仅是一个"半启蒙状态"。今天我们重又生活在一个思想转型和社会巨变的历史时期，迫切需要全面地引进和接受一百多年来的现代知识，并在思想观念上予以重新认识。

1919年新文化运动的时候，我们还区分不了文艺复兴和启蒙时代的思想，但日本的情况则完全不同。日本近代以来对"南蛮文化"的摄取，基本上是欧洲中世纪至文艺复兴时期的"西学"，而从明治维新以来对欧美文化的摄取，则是启蒙

---

1 王锦民：《新文化运动百年随想录》，见李雪涛等编《合璧西中——庆祝顾彬教授七十寿辰文集》，外语教学与研究出版社2016年版，第282—295页，此处见第291页。

2 同上。

时代以来的西方思想。特别是在第二个阶段，他们做得非常
彻底。[1]

三

　　罗素在《西方哲学史》的"绪论"中写道："一切确切的
知识——我是这样主张的——都属于科学，一切涉及超乎确切
知识之外的教条都属于神学。但是介乎神学与科学之间还有一
片受到双方攻击的无人之域；这片无人之域就是哲学。"[2]康德
认为，"只有那些其确定性是无可置疑的科学才能成为本真意
义上的科学；那些包含经验确定性的认识（Erkenntnis），只
是非本真意义上所谓的知识（Wissen），因此，系统化的知识
作为一个整体可以称为科学（Wissenschaft），如果这个系统
中的知识存在因果关系，甚至可以称之为理性科学（Rationale
Wissenschaft）"。[3]在德文中，科学是一种系统性的知识体系，
是对严格的确定性知识的追求，是通过批判、质疑乃至论证而
对知识的内在固有理路即理性世界的探索过程。科学方法有别

1　家永三郎著，靳丛林等译：《外来文化摄取史论——近代西方文化摄取思想史的
　　考察》，大象出版社2017年版。

2　罗素著，何兆武、李约瑟译：《西方哲学史》（上卷），商务印书馆1963年版，第
　　11页。

3　Immanuel Kant, *Metaphysische Anfangsgründe der Naturwissenschaft*. Riga: bey
　　Johann Friedrich Hartknoch, 1786. S. V-VI.

于较为空泛的哲学，它既要有客观性，也要有完整的资料文件以供佐证，同时还要由第三者小心检视，并且确认该方法能重制。因此，按照罗素的说法，人类知识的整体应当包括科学、神学和哲学。

在欧洲，"现代知识社会"（Moderne Wissensgesellschaft）的形成大概从近代早期一直持续到了1820年。[1]之后便是知识的传播、制度化以及普及的过程。与此同时，学习和传播知识的现代制度也建立起来了，主要包括研究型大学、实验室和人文学科的研讨班（Seminar）。新的学科名称如生物学（Biologie）、物理学（Physik）也是在1800年才开始使用；1834年创造的词汇"科学家"（scientist）使之成为一个自主的类型，而"学者"（Gelehrte）和"知识分子"（Intellekturlle）也是19世纪新创的词汇。[2]现代知识以及自然科学与技术在形成的过程中，不断通过译介的方式流向欧洲以外的世界，在诸多非欧洲的区域为知识精英所认可、接受。今天，历史学家希望运用全球史的方法，祛除欧洲中心主义的知识史，从而建立全球知识史。

本学期我跟我的博士生们一起阅读费尔南·布罗代尔

---

1 Cf. Richard van Dülmen, Sina Rauschenbach (Hg.), *Macht des Wissens: Die Entstehung der Modernen Wissensgesellschaft.* Köln: Böhlau Verlag, 2004.

2 Cf. Jürgen Osterhammel, *Die Verwandlung der Welt: Eine Geschichte des 19. Jahrhunderts.* München: Beck, 2009. S. 1106.

(Fernand Braudel，1902—1985)的《地中海与菲利普二世时代的地中海世界》(*La Méditerranée et le Monde méditerranéen à l'époque de Philippe II*, 1949)一书。[1]在"边界：更大范围的地中海"一章中，布罗代尔并不认同一般地理学家以油橄榄树和棕榈树作为地中海的边界的看法，他指出地中海的历史就像是一个磁场，吸引着南部的北非撒哈拉沙漠、北部的欧洲以及西部的大西洋。在布罗代尔看来，距离不再是一种障碍，边界也成为相互连接的媒介。[2]

　　发源于欧洲文艺复兴时代末期，并一直持续到18世纪末的科学革命，直接促成了启蒙运动的出现，影响了欧洲乃至全世界。但科学革命通过学科分类也影响了人们对世界的整体认识，人类知识原本是一个复杂系统。按照法国哲学家埃德加·莫兰(Edgar Morin，1921—)的看法，我们的知识是分离的、被肢解的、箱格化的，而全球纪元要求我们把任何事情都定位于全球的背景和复杂性之中。莫兰引用布莱兹·帕斯卡(Blaise Pascal，1623—1662)的观点："任何事物都既是结果又是原因，既受到作用又施加作用，既是通过中介而存在又是直接存在的。所有事物，包括相距最遥远的和最不相同的事物，都被一种自然的和难以觉察的联系维系着。我认为不认识

1　布罗代尔著，唐家龙、曾培耿、吴模信译：《地中海与菲利普二世时代的地中海世界》(全二卷)，商务印书馆2013年版。

2　同上书，第245—342页。

整体就不可能认识部分，同样地，不特别地认识各个部分也不可能认识整体。"[1]莫兰认为，一种恰切的认识应当重视复杂性（complexus）——意味着交织在一起的东西：复杂的统一体如同人类和社会都是多维度的，因此人类同时是生物的、心理的、社会的、感情的、理性的；社会包含着历史的、经济的、社会的、宗教的等方面。他举例说明，经济学领域是在数学上最先进的社会科学，但从社会和人类的角度来说它有时是最落后的科学，因为它抽去了与经济活动密不可分的社会、历史、政治、心理、生态的条件。[2]

四

贝克出版社（C. H. Beck Verlag）至今依然是一家家族产业。1763年9月9日卡尔·戈特洛布·贝克（Carl Gottlob Beck, 1733—1802）在距离慕尼黑一百多公里的讷德林根（Nördlingen）创立了一家出版社，并以他儿子卡尔·海因里希·贝克（Carl Heinrich Beck, 1767—1834）的名字来命名。在启蒙运动的影响下，戈特洛布出版了讷德林根的第一份报纸与关于医学和自然史、经济学和教育学以及宗教教育

---

1 转引自莫兰著，陈一壮译：《复杂性理论与教育问题》，北京大学出版社2004年版，第26页。

2 同上书，第30页。

的文献汇编。在第三代家族成员奥斯卡·贝克（Oscar Beck，1850—1924）的带领下，出版社于1889年迁往慕尼黑施瓦宾（München-Schwabing），成功地实现了扩张，其总部至今仍设在那里。在19世纪，贝克出版社出版了大量的神学文献，但后来逐渐将自己的出版范围限定在古典学研究、文学、历史和法律等学术领域。此外，出版社一直有一个文学计划。在第一次世界大战期间的1917年，贝克出版社独具慧眼地出版了瓦尔特·弗莱克斯（Walter Flex，1887—1917）的小说《两个世界之间的漫游者》（*Der Wanderer zwischen beiden Welten*），这是魏玛共和国时期的一本畅销书，总印数达一百万册之多，也是20世纪最畅销的德语作品之一。[1]目前出版社依然由贝克家族的第六代和第七代成员掌管。2013年，贝克出版社庆祝了其

1　第二次世界大战后，德国汉学家福兰阁（Otto Franke，1862—1946）出版《两个世界的回忆——个人生命的旁白》（*Erinnerungen aus zwei Welten: Randglossen zur eigenen Lebensgeschichte.* Berlin: De Gruyter, 1954.）。作者在1945年的前言中解释了他所认为的"两个世界"有三层含义：第一，作为空间上的西方和东方的世界；第二，作为时间上的19世纪末和20世纪初的德意志工业化和世界政策的开端，与20世纪的世界；第三，作为精神上的福兰阁在外交实践活动和学术生涯的世界。这本书的书名显然受到《两个世界之间的漫游者》的启发。弗莱克斯的这部书是献给1915年阵亡的好友恩斯特·沃切（Ernst Wurche）的；他是"我们德意志战争志愿军和前线军官的理想，也是同样接近两个世界：大地和天空、生命和死亡的新人和人类向导"。（Wolfgang von Einsiedel, Gert Woerner, *Kindlers Literatur Lexikon,* Band 7, Kindler Verlag, München 1972.）见福兰阁的回忆录中文译本，福兰阁著，欧阳甦译：《两个世界的回忆——个人生命的旁白》，社会科学文献出版社2014年版。

成立二百五十周年。

1995年开始，出版社开始策划出版"贝克通识文库"（C.H.Beck Wissen），这是"贝克丛书系列"（Beck'schen Reihe）中的一个子系列，旨在为人文和自然科学最重要领域提供可靠的知识和信息。由于每一本书的篇幅不大——大部分都在一百二十页左右，内容上要做到言简意赅，这对作者提出了更高的要求。"贝克通识文库"的作者大都是其所在领域的专家，而又是真正能做到"深入浅出"的学者。"贝克通识文库"的主题包括传记、历史、文学与语言、医学与心理学、音乐、自然与技术、哲学、宗教与艺术。到目前为止，"贝克通识文库"已经出版了五百多种书籍，总发行量超过了五百万册。其中有些书已经是第8版或第9版了。新版本大都经过了重新修订或扩充。这些百余页的小册子，成为大学，乃至中学重要的参考书。由于这套丛书的编纂开始于20世纪90年代中叶，因此更符合我们现今的时代。跟其他具有一两百年历史的"文库"相比，"贝克通识文库"从整体知识史研究范式到各学科，都经历了巨大变化。我们首次引进的三十多种图书，以科普、科学史、文化史、学术史为主。以往文库中专注于历史人物的政治史、军事史研究，已不多见。取而代之的是各种普通的知识，即便是精英，也用新史料更多地探讨了这些"巨人"与时代的关系，并将之放到了新的脉络中来理解。

我想大多数曾留学德国的中国人，都曾购买过罗沃尔特出版社出版的"传记丛书"(Rowohlts Monographien),以及"贝克通识文库"系列的丛书。去年年初我搬办公室的时候,还整理出十几本这一系列的丛书,上面还留有我当年做过的笔记。

五.

    作为启蒙时代思想的代表之作,《百科全书》编纂者最初的计划是翻译1728年英国出版的《钱伯斯百科全书》(*Cyclopaedia: or, An Universal Dictionary of Arts and Sciences*),但以狄德罗为主编的启蒙思想家们以"改变人们思维方式"为目标,[1]更多地强调理性在人类知识方面的重要性,因此更多地主张由百科全书派的思想家自己来撰写条目。

    今天我们可以通过"绘制"(mapping)的方式,考察自19世纪60年代以来学科知识从欧洲被移接到中国的记录和流传的方法,包括学科史、印刷史、技术史、知识的循环与传播、迁移的模式与转向。[2]

    徐光启在1631年上呈的《历书总目表》中提出:"欲求超

---

1 Lynn Hunt, Christopher R. Martin, Barbara H. Rosenwein, R. Po-chia Hsia, Bonnie G. Smith, *The Making of the West: Peoples and Cultures, A Concise History,* Volume II: Since 1340. Bedford/St. Martin's, 2006, p. 611.

2 Cf. Lieven D'hulst, Yves Gambier (eds.), *A History of Modern Translation Knowledge: Source, Concepts, Effects.* Amsterdam: John Benjamins, 2018.

胜，必须会通，会通之前，先须翻译。"[1]翻译是基础，是与其他民族交流的重要工具。"会通"的目的，就是让中西学术成果之间相互交流，融合与并蓄，共同融汇成一种人类知识。也正是在这个意义上，才能提到"超胜"：超越中西方的前人和学说。徐光启认为，要继承传统，又要"不安旧学"；翻译西法，但又"志求改正"。[2]

近代以来中国对西方知识的译介，实际上是在西方近代学科分类之上，依照一个复杂的逻辑系统对这些知识的重新界定和组合。在过去的百余年中，席卷全球的科学技术革命无疑让我们对于现代知识在社会、政治以及文化上的作用产生了认知上的转变。但启蒙运动以后从西方发展出来的现代性的观念，也导致欧洲以外的知识史建立在了现代与传统、外来与本土知识的对立之上。与其投入大量的热情和精力去研究这些"二元对立"的问题，我以为更迫切的是研究者要超越对于知识本身的研究，去甄别不同的政治、社会以及文化要素究竟是如何参与知识的产生以及传播的。

此外，我们要抛弃以往西方知识对非西方的静态、单一方向的影响研究。其实无论是东西方国家之间，抑或是东亚国家之间，知识的迁移都不是某一个国家施加影响而另一个国家则完全

---

1 见徐光启、李天经等撰，李亮校注：《治历缘起》（下），湖南科学技术出版社2017年版，第845页。
2 同上。

被动接受的过程。第二次世界大战以后对于殖民地及帝国环境下的历史研究认为，知识会不断被调和，在社会层面上被重新定义、接受，有的时候甚至会遭到排斥。由于对知识的接受和排斥深深根植于接收者的社会和文化背景之中，因此我们今天需要采取更好的方式去重新理解和建构知识形成的模式，也就是将研究重点从作为对象的知识本身转到知识传播者身上。近代以来，传教士、外交官、留学生、科学家等都曾为知识的转变和迁移做出过贡献。无论是某一国内还是国家间，无论是纯粹的个人，还是由一些参与者、机构和知识源构成的网络，知识迁移必然要借助于由传播者所形成的媒介来展开。通过这套新时代的"贝克通识文库"，我希望我们能够超越单纯地去定义什么是知识，而去尝试更好地理解知识的动态形成模式以及知识的传播方式。同时，我们也希望能为一个去欧洲中心主义的知识史做出贡献。对于今天的我们来讲，更应当从中西古今的思想观念互动的角度来重新审视一百多年来我们所引进的西方知识。

知识唯有进入教育体系之中才能持续发挥作用。尽管早在1602年利玛窦的《坤舆万国全图》就已经由太仆寺少卿李之藻（1565—1630）绘制完成，但在利玛窦世界地图刊印三百多年后的1886年，尚有中国知识分子问及"亚细亚""欧罗巴"二名，谁始译之。[1]而梁启超1890年到北京参加会考，回粤途经

---

1 洪业：《考利玛窦的世界地图》，载《洪业论学集》，中华书局1981年版，第150—192页，此处见第191页。

上海，买到徐继畲（1795—1873）的《瀛环志略》(1848) 方知世界有五大洲！

　　近代以来的西方知识通过译介对中国产生了巨大的影响，中国因此发生了翻天覆地的变化。一百多年后的今天，我们组织引进、翻译这套"贝克通识文库"，是在"病灶心态""救亡心态"之后，做出的理性选择，中华民族蕴含生生不息的活力，其原因就在于不断从世界文明中汲取养分。尽管这套丛书的内容对于中国读者来讲并不一定是新的知识，但每一位作者对待知识、科学的态度，依然值得我们认真对待。早在一百年前，梁启超就曾指出："……相对地尊重科学的人，还是十个有九个不了解科学的性质。他们只知道科学研究所产生的结果的价值，而不知道科学本身的价值，他们只有数学、几何学、物理学、化学等概念，而没有科学的概念。"[1]这套读物的定位是具有中等文化程度及以上的读者，我们认为只有启蒙以来的知识，才能真正使大众的思想从一种蒙昧、狂热以及其他荒谬的精神枷锁之中解放出来。因为我们相信，通过阅读而获得独立思考的能力，正是启蒙思想家们所要求的，也是我们这个时代必不可少的。

李雪涛

2022年4月于北京外国语大学历史学院

---

1 梁启超：《科学精神与东西文化》(8月20日在南通为科学社年会讲演)，载《科学》第7卷，1922年第9期，第859—870页，此处见第861页。

目　录

第一章 ———————— 梦想者和先驱者

我们永远不会知道，第一个梦想穿越地球大气层进入太空的人是谁，但神话、传说和童话告诉我们，飞向月球、行星和宇宙是人类古老的梦想。

将实现梦想付诸行动最早可追溯到20世纪初。1903年，威尔伯·莱特（Wilbur Wright）和奥维尔·莱特（Orville Wright）制造的第一架飞机试飞成功。同年，俄罗斯人康斯坦丁·爱德华多维奇·齐奥尔科夫斯基（Konstantin Eduardowitsch Ziolkowski）发表题为《利用反作用仪器进行太空探索》（„Erforschung des Weltraums mittels Reaktionsapparaten"）的文章，该文在当时并未引起多大关注，但目前被视为火箭技术的奠基之作。随后几年，他不断完善自己的理论，认为固体燃料推进器推动力有限，无法进入太空，因而十分推崇液体火箭技术理论。齐奥尔科夫斯基绝非泛泛而谈，他的理论研究已经深入到具体问题，比如燃料室的冷却，控制技术和姿态控制方法，他甚至创造性地提出在太空建造围绕地球旋转的空间站的设想。

1935年，这位俄罗斯航天之父在莫斯科附近的卡卢加逝世，享年78岁。他不仅天才地预见了太空飞行时代的到来，而且为其开辟道路。时至今日，他的话语还振聋发聩：地球

（Erde）是人类的摇篮，但人类不可能永远被束缚在摇篮里。

　　几年后，美国数学物理学教授罗伯特·哈金斯·戈达德（Robert Hutchings Goddard）紧随齐奥尔科夫斯基的脚步，开始研究火箭技术问题。他的兴趣点不在于如何进入太空，而是研发能够高空远距离飞行的工具。1926年，戈达德第一次试射火箭，发射几秒钟后以失败告终。随后几年，他屡次试验，屡次失败。直到1935年，他才获得成功，火箭飞行高度达2300米。

　　今天，美国宇航局（NASA）把位于格林贝尔特的空间飞行中心命名为"戈达德空间飞行中心"（马里兰州），以纪念这位火箭研制的先驱者。

　　在20世纪最初几十年，火箭、飞机和电话是公认的科技发展的代表作，此时，谁要是致力于研究太空飞行，要么不被理解，要么被人拒绝。对此，德国人赫尔曼·奥伯特（Hermann Oberth）一定深有感触。奥伯特1894年出生于特兰西瓦尼亚，上大学时致力于研究火箭技术和太空飞行技术，并基于此完成博士论文提交评审，竟然找不到懂行的教授。1922年，慕尼黑出版社在翻阅了他的论文手稿后，断言这是一部"乌托邦式的小说"。不久之后，他的作品发表了，名为《飞往星际空间的火箭》（*Die Rakete zu den Planetenräumen*），这是太空飞行的经典著作。此书开篇的几段话，今天读来简直就是对航天学的预言：

1.以今天的科技水平，可以建造穿越大气层的航天器。

2.航天器经过不断完善，飞行速度足够快，可以在太空中靠惯性飞行，不会重回地面，甚至于摆脱地球引力。

3.可建造载人航天器，在飞行途中身体健康得到基本保障。

4.在现有的经济条件下，建造此类航天器是值得的。

没有哪家科研机构和工业企业愿意帮助奥伯特去实践他的想法，但他后来还是得到电影导演弗里茨·朗（Fritz Lang）的资助，这连他自己都始料不及。弗里茨为全球电影股份公司拍摄电影《月宫女郎》(*Frau im Mond*)，以满足公众对太空飞行与日俱增的好奇心，即便在当时它还是空中楼阁。奥伯特担任技术顾问，为宣传此片，计划在电影首映式时发射一枚火箭。飞机设计师鲁道夫·内勃尔（Rudolf Nebel）参与设计火箭，但电影首映时火箭建造尚未完成，相关试验随后转移到柏林附近的普伦岑湖（Plötzensee）化工研究院继续进行。

在奥伯特和内勃尔的同事中，包括当时年仅18岁的韦纳·冯·布劳恩（Wernher von Braun）。近40年后，布劳恩达到事业的巅峰，他将"阿波罗11号"（Apollo 11）送上太空，人类首次登上月球。奥伯特和内勃尔亲临卡纳维拉尔角（Cape Canaveral）发射场，目睹布劳恩领导研制的"土星5号"火箭（Saturn 5-Rakete）升空。

"我们研究制造火箭，不是用来摧毁我们的星球，而是用来到达其他星球。"布劳恩的这番话不能掩盖火箭技术的研发服务于战争的事实。20世纪30年代初，柏林南郊的库莫斯多夫（Kummersdorf）试验场开始液体火箭的试验。1942年，一级液体火箭A-4在佩内明德（Peenemünde）完成首次高空飞行，后来它携带所谓报复性武器V-2导弹轰炸了伦敦和安特卫普。

无法否认，也无法掩盖，在那个年代，航天领域的某些先行者和战争恶魔结盟，带给人类深重灾难，尽管这不是他们的初衷。这也再次证明，无论是在航天领域还是在其他技术领域，战争都是社会发展的重要推动力。

第二章 ———————— 来自地球轨道的信号

1945年，德国火箭专家成为盟军追逐的"战利品"，美苏军方对进一步利用他们的知识、设计和设备抱有浓厚的兴趣。

1945年9月，韦纳·冯·布劳恩和7名同事来到美国，随后又有更多的人赴美。在美国，布劳恩领导了一个隶属军队的科研队伍。几个月后的1946年3月，在新墨西哥州的一个试验场，美国在图林根诺森豪德缴获的一枚A-4火箭首次发射成功。

另一位德国火箭专家赫尔穆特·格罗特鲁普（Helmut Gröttrup）则没有投奔美国。起初格罗特鲁普负责位于苏联占领区的布莱施罗德导弹结构和开发研究院，1946年10月底，他和其他约5000名工程师及其家属突然被转移到苏联，承担继续研发V-2导弹的任务，一年后，导弹在哈萨克斯坦发射，飞行350公里。

在这个阶段，东西方两个超级大国在新技术领域展开的竞争不容忽视，随着冷战的爆发，军事优势压倒一切。直至1957年至1958年国际地球物理年筹备工作的展开，航天技术才转向民用，火箭将被用于运送科研卫星进入地球轨道。

"伴侣号",东方的胜利

尽管小道消息满天飞,特别在圈内,但事情一旦真发生,还是足以震惊世人。一向以报道严谨著称的《法兰克福汇报》(*Frankfurter Allgemeine*),也不惜高调宣称"卫星时代来临"。该报评论员写道:"有什么话,能让这转动的马达,喧闹的世界,安静片刻,根本没有。"

苏联发射的第一颗人造地球卫星"伴侣号"(Sputnik),直径只有60厘米,重84公斤,1957年10月4日升空,标志着人类航天时代的到来。卫星运行在228～947公里高的轨道上,通过鞭状天线传回位置信号和数据,人类第一次了解到距地面70～150公里的电离层的空气密度和结构。

苏联的成功,令其政治军事竞争对手美国深陷矛盾之中,既忧心忡忡又要自我安慰。但对于第三世界来说,它提升了东方超级大国的形象,捍卫了其意识形态,这是不争的事实。与此同时,苏联代表在巴塞罗那国际航天会议上宣布,将马上公布第一颗人造卫星的相关研究数据,众多美国人难掩失望之情,此前他们有理由相信,引领科学技术发展的是美国,但现在被苏联赶超了。12年后,两位美国宇航员首次成功登月,"伴侣号创伤"才被彻底抚平。

"探索者号"，美国奋起直追

在美国，批评声音越发尖锐，但欲速则不达。1957年12月4日，也就是苏联"伴侣号"升空两个月后，卡纳维拉尔角发射场将试射美国第一颗人造卫星。国内外记者受邀见证这一历史时刻，无数双眼睛则紧盯着电视屏幕。

然后，发射延迟，中断，又开始。灾难随后降临，发射几秒钟后，一切就结束了："先锋号"（Vanguard）卫星从发射平台升空还没多少米，便发生爆炸。发射参与者和观众痛不欲生，以往发射失败的场面历历在目，"朱庇特"（Jupiter）、"雷神"（Thor）和"阿特拉斯"（Atlas），都是美国20世纪50年代研制的军用火箭，发射均告失败。

美国卫星首次发射成功，已是1958年2月1日，其间苏联的第二颗"伴侣号"已经升空。被美国送上地球轨道的这颗卫星名为"探索者号"（Explorer），重仅8.2公斤，宇宙中的"小不点"，却带来重大的科学发现：携带地磁仪和盖革计数器的卫星，在距离地面341～2535公里的运行轨道上，探测到包围地球的未知辐射层，即后来以发现者名字命名的范·艾伦（Van Allen）辐射带。

"探索者"计划（Explorer-Programm）一直持续到1975年，共发射55次，带来很多有关地球物理学、天文学、太阳和陨星的新发现，其中不下10次的发射服务于星际科学研究。

莱卡和哈姆

无论是东方还是西方，都深信人类终有一天会追随无人航天器进入太空。但是在太空中，尤其是失重的情况下，人的身心将发生什么样的变化？为保障人在太空中的生命安全，必须研发何种航天器？显然，首先要拿动物在地球轨道上进行测试，研究其反应。

又是苏联率先进行尝试。504公斤重、4米高的球状卫星"伴侣2号"（Sputnik 2）将一条名为莱卡（Laika）的狗带入太空，安置在装有空调备有食物的舱里。

卫星传回数据，人类第一次了解到生物在失重情况下的机体反应。最初大家都认为，莱卡在完成任务后会返回地球，但一周后它就死于非命，官方称其并未遭受痛苦。无须讳言，莱卡的死促使很多国家的动物保护者重新审视这项试验计划，也不必掩饰，此次任务面临政治方面的压力，准备工作显得过于仓促：1957年11月7日，十月革命（Oktoberrevolution）胜利40周年之际，苏联有意在首次发射人造卫星大获成功之余，再次向西方展示自身的航天实力。

美国则另辟蹊径为载人航天飞行做准备。美国空军医学院从100只黑猩猩中选中哈姆（Ham）参与试验。在将哈姆带至253公里高空的弹道飞行过程中，通过各种试验测试它的反应。哈姆返回地球之后，流露的表情似乎在说，不想再飞了。作为举世瞩目的"航天退休人员"，它更愿意待在华盛顿动物园颐养天年。

第三章 ———————— 最早的航天英雄

　　1958年底，美国宇航局成立，几天后，它宣布实施"把人送入太空计划"，听起来充满乐观主义精神，它将为载人航天飞行开辟道路。对于太空飞行，苏联每一次都绝对保密，而美国的策略，即便谈不上具有攻击性，也称得上唯恐天下人不知：面对记者，有求必应，面对采访，专家乐此不疲，想参观卡纳维拉尔角发射场，几乎都能如愿。1959年4月，媒体长篇累牍报道首批7名宇航员，他们正在为"水星号"（Mercury）太空舱载人飞行做准备。

　　东西方对航天飞行员的称谓略有区别，美国称其为宇航员（"朝着星星驶去的人"），苏联则略显低调地称其为航天员（"朝着宇宙飞去的人"）。

尤里·加加林和"东方号"

　　在用狗作为航天员替身试飞5次之后，在曾发射过"伴侣号"人造卫星的哈萨克斯坦拜科努尔（Baikonur）发射场，又一次大秀即将上演。发射台上耸立着"东方号"（Wostok）三级火箭，高38米，发射时重量350 ～ 400吨。

　　1961年4月12日，一个为数不多可以载入航天史册的日子。在第一颗人造地球卫星成功发射3年半之后，第一次，在火箭顶部的飞行器里，坐着一个人：27岁的歼击机飞行员尤里·加加林（Juri Gagarin）。莫斯科时间9点7分，火箭发射。

"东方号"圆柱形座舱直径2.3米，重2.4吨，在绕地球飞行时它和设备舱相连，设备舱里有动力供应装置、控制装置和无线电设备，两者相加总长超过7米。

"东方号"飞船有较大的舱口和较小的舷窗各3个，航天员身着带有仪器的航天服，几乎动弹不得。受重量因素影响，加加林呼吸的是普通的混合气体。在飞行过程中，加加林始终处于摄像头的监控之下，他把所看到的景象通过对讲机传给地面接收站，如果超出地面接收范围，他就用录音机录下来。飞船飞行在181～237公里高的椭圆形轨道上，速度每小时28000公里。按照原计划，第一次载人航天飞行只绕地球一周，1小时48分钟之后，加加林便借助降落伞降落在伏尔加河旁的萨拉托夫（Saratow）。

后来才知道，加加林此次飞行并非一帆风顺。飞船按照地面指令开始返航，起初安装在座舱旁的旋转臂无法分离，进入地球大气层后最终焚毁，第一次载人航天飞行得以圆满结束。

加加林成为苏联和其盟国年轻人崇拜的偶像，其实背后还有一位无名英雄，对于东方航天事业在这些年取得的成绩，他的贡献无人可比：航天工程师谢尔盖·帕夫洛维奇·科罗廖夫（Sergei Pawlowitsch Koroljow），齐奥尔科夫斯基的学生。

苏联研发航天技术，从一开始就有经济方面的考虑。不同于美国一直研发建造新型火箭和卫星，苏联采取系列开发或改良的策略，以满足各类航天活动的需求，不管是火箭、飞船还是不载人卫星，其中"宇宙"系列卫星颇具代表性。

总统的愿景

美国必须有所行动。美国作为超级大国，科学技术长期领先世界，但苏联载人航天飞行的成功似乎让美国蒙羞。此外，美国和古巴的冲突，1961年猪湾（Schweinebucht）事件外交受挫，都让美国公众倍感羞辱。

因此，美国试图用航天领域的巨大成就来转移公众对外交领域失败的关注，也就可以理解了。"水星"计划（Mercury-Programm）应运而生，7名宇航员为此早就开始准备和训练，他们都是不满40岁、身高1.8米以下的试飞员，自然科学或工程科学大学毕业。

美国的航天活动力求规避一切非理性带来的风险，此类活动本来就在无任何安全保障的开放空间进行，因而，非常有必要先进行若干次无人飞行试验。首飞也不必像加加林那样绕地球轨道飞行，两次亚轨道飞行就足够了。1961年5月5日，23.5米的"红石"加长火箭（Redstone-Rakete）将"自由7号"（Freedom 7）飞船送入太空，数字7意指第一批宇航员的人数。

宇航员艾伦·谢泼德（Alan Shepard）搭载飞船进入185公里高的太空，飞行时间刚过15分钟；虽然短，但4万名现场观众，包括几百名记者，见证了这一时刻，有理由为之欢呼雀跃，加上降落地点也理想，距离发射场约500公里的大西洋，守候在旁的救生直升机，只需几分钟，就把宇航员和太空舱送到一直待命的航空母舰上。

"自由7号"的成功并未使美国在航天领域和苏联并驾齐驱，却导致美国总统约翰·F.肯尼迪（John F. Kennedy）20天后立下登月誓言，旨在重振美国民众受挫的自信，但也有很多人觉得仓促草率。在华盛顿国会两院，肯尼迪定下了从此深刻影响美国宇航局航天计划的目标："现在是美国再次采取伟大而勇敢行动的时候，是美国担当航天领导者角色的时候，从中或许能够找到我们生活的地球的未来之匙。我相信这个民族能够齐聚一心全力以赴达成这个目标，即在1970年以前，人类将乘坐宇宙飞船登陆月球并且安全返回。"登月誓言的发出，预示着东西方太空竞赛的到来，将深刻影响未来几十年载人航天飞行。

美国在实施轨道飞行计划之前，又进行了一次亚轨道试飞。维吉尔·格里森（Virgil Grissom）的运气就比之前的谢泼德差一些，"水星号"飞船在大西洋降落时出口舱门不经意炸开，海水灌入飞船，重量增加，直升机驾驶员竭尽全力也未能打捞起返回舱。格里森只是受了惊吓，并无大碍。

约翰·格伦

1961年8月，苏联航天员盖尔曼·蒂托夫（German Titow）围绕地球飞行17周，历时25小时。美国人再次备受煎熬，他们只能默默等待，半年后，终于等来了自己同胞在卡纳维拉尔角发射场登入飞船，绕地飞行发射进入倒计时。此前7次倒计时均告失败，要么天气糟糕，要么火箭出现故障。

1962年2月20日，一切准备就绪。40岁的中校约翰·格伦（John Glenn），曾获奖无数，飞行经验丰富，美国航天队伍的发言人，从"宇宙神"火箭（Atlas-Rakete）顶端进入"水星号"太空舱。9点47分火箭发射，1亿美国人观看电视直播，美国航天站则集聚了2000多名工作人员，另有15000人在船上和特种飞机上待命。不同于苏联飞船为防不请自来的目击者而降落在陆地上，美国飞船计划降落到水面上。

"太空舱得先钻入，再合上"，格伦如此描述"水星号"飞船。这个球状物体高2.7米，底部宽1.8米，重1350公斤。安全起见，飞船所有重要功能一一检测，确保正常，有些经过三重检测。宇航员在绕地飞行过程中始终和地面站保持联系，无线电设备既是通话的工具，又传送各种数据。格伦在飞船上呼吸纯氧，身上布满传感器，控制中心的医生可以一直监控他的呼吸、血压和头部温度。

由于飞船姿态自控系统出现问题，格伦随后采用手动控制。有个故障他没注意到：防热罩松动了，仅靠几条钢带连着。地面控制中心的人紧张得满头大汗，担心故障可能给返航带来灾难性后果。

飞船绕地飞行第三周，靠近加利福尼亚海岸，制动火箭启动。飞船进入大气层，透过舷窗，格伦看见灼热的防热罩冒着火花，幸好没有脱落，还能起作用。正如所料，无线电通信中断了几分钟。然后，无线电里传出令众人宽慰的声音："我很好，这次旅行有火球做伴。"

离地3000米，巨型降落伞打开，格伦降落在预定区域，距离其中一艘航空母舰几英里远。整个美国沸腾了，一些城市授予格伦"荣誉市民"称号，一些学校以他的名字命名，纽约数百万市民则抛撒彩纸，游行庆祝。

交会飞行和女航天员

载人航天飞行屡获成功，但公众对航天的热情丝毫不减，1962年的4次飞行，媒体大肆报道足以证明。4次发射美苏各半，两国继续进行飞行测试，重点检验技术设备，了解失重对人生理、心理的影响。

格伦绕地飞行3个月后，斯科特·卡彭特（Scott Carpenter）继续执行同样的任务，绕地球飞行3周。途中自动控制系统再次出现问题，卡彭特不得不在手控和姿态自控系统之间不断切换，这样消耗大量燃料，飞船进入大气层后姿态控制受到限

制，会给最后阶段的飞行带来安全隐患。最后，卡彭特以惊人
的毅力经受住考验，降落在大西洋，但远离救援船只，两小时
后才被救起。

1962年8月，苏联人再次等待奇迹的出现，在24小时内，
"东方3号"（Wostok 3）和"东方4号"（Wostok 4）飞船先后升
空。两位航天员安德里亚·尼古拉耶夫（Andrijan Nikolajew）
和帕维尔·波波维奇（Pawel Popowitsch）各自飞行在地球轨
道上，相距不过几公里，还用无线电联络。但从中也能发现，
由于飞行轨迹不同，他们无法进行对接。两艘飞船创纪录地分
别飞行了3天和4天。对于空间运动病，医生有了新的认识，
此前盖尔曼·蒂托夫曾患此病。

"水星8号"（Mercury 8）和"水星9号"（Mercury 9）在
飞行过程中没有出现大的波折，瓦尔特·施艾拉（Walter
Schirra）在指定地点降落。戈尔登·库勃（Gordon Cooper）
绕地飞行22周，拍了很多地球的照片，并向控制中心同事描
述太空所见。在200公里的高空，他能看清地面上的东西，比
如船舶，甚至房屋，他的同事一开始都不敢相信。

美国的"水星号"飞船仅限于携带一名男性宇航员上天，
而苏联则另有惊人之举：1963年6月，在第二次交会飞行中，
首次出现了女航天员——瓦莲京娜·捷列什科娃（Walentina
Tereschkowa）。捷列什科娃26岁，纺织工程师，擅长跳伞，
但并非试飞员。在绕地球轨道飞行的过程中，她能做的并不

多，飞船主要由地面控制，但这也表明，女性身体也能较长时间经受住失重的考验。此外，从宣传策略的角度来看，这无疑是大无畏的行为。

第四章 ————— 探测器探索太空邻居

　　无须赘言，载人航天飞行公众最感兴趣，每一次宇航员飞向太空，都是危险重重的冒险之旅，他们是智人派出的代表，进入一个陌生的世界，实现人类古老的梦想。

　　早在20世纪五六十年代，除了探索地球外部环境的人造卫星，还有众多服务于科研的行星际探测器。数百年来，人们致力于通过天文望远镜和天体物理学来研究太空，有了探测器这个得力助手，新发现将层出不穷，同时，人类第一次摆脱了地球引力。

月球背面的照片

　　月球，围绕地球旋转，与地球平均距离384000公里。在1969年7月人类首次登月前，它70多次成为探测器的目标，美国则早在1958年秋就开始行动了。回顾探测器飞入太空的历史，失败次数之多令人诧异，有些探测器发射失败，有些无法飞出地球轨道，还有一些偏离目标，从距离月球太远的位置飞过。

　　多数探测器在接近月球时，比如从月球旁边掠过，或在撞击月球表面前，拍摄月球照片并传回地面。苏联专家善于制造惊喜，1959年10月，"月球3号"（Lunik 3）成功拍下并传回月球背面照片，因为地月的同步运动，在地球上一直只能看到月球正面。拍照位置距离月球6万公里，照片并不清晰。最初苏联只对外公开3张照片，但随后不似从前那般谨小慎微，还向外公布了"月球3号"的具体飞行轨迹。据苏联通讯社介绍，此次获得成功的关键是摄影技术，拍摄用的相机配有200毫米和500毫米焦距两个镜头，短焦距镜头用于拍摄整个月球表面，长焦距镜头则用于拍摄月球局部。最后，苏联科学院专设委员会，负责命名月球背面的山脉，此后便有了莫斯科海（Mare Moscovianum）和齐奥尔科夫斯基环形山。

苏联取得的成绩无疑令人惊叹，但接下来必须等待几年，东西方才能有所建树，为登月创造条件。美国"徘徊者号"系列（Ranger-Serie）探测器至少在最后的几次任务中，向地面接收站传回大量照片，这些照片拍摄于飞行的最后阶段，不到1米的物体也能识别出来。1966年，苏联发射的"月神9号"（Luna 9）首次实现月球软着陆，并从月球轨道传送数据。

美国发射"勘测者号"探测器（Surveyor-Sonde）和月球轨道器探测器（Lunar Orbiter-Sonde），为了解月球迈出一大步。"勘测者号"在月球不同区域软着陆后，对周边环境进行拍摄，分析月球土壤样本。月球轨道计划共发射5个月球轨道器，它们绕月球轨道飞行数周，为制作月球地图采集信息；在这方面，即便最先进的太空望远镜也无能为力。美国所做的这一切，都在为登月这一伟大目标做准备，获取的信息足以选择合适的登月着陆点。

探索火星

就像对距地球最近的月球那样，科学家和普罗大众对我们的太空邻居火星也一直存在各种想象。火星赤道直径6770公里，比地球小得多，质量仅为地球的1/10。火星周围笼罩着大气层，尽管十分稀薄，还是引发种种猜想：太阳系唯一可能存在生命的行星。1887年，意大利天文学家斯加帕雷里（Schiaparelli），米兰（Mailand）天文台主管，自认为发现了火星水道，引发种种猜想，以至于最后认为火星上生活着"小小的绿人"。

利用太空探测器，探索我们神秘莫测的太空邻居，苏联一如过去那些年，始终走在前面。过程和探测月球相似，最初都不太走运。1960年10月至1962年11月，苏联先后失败5次，有的探测器发射失败，有的在地球轨道发生爆炸。

随后几年，美国研究火星的专家运气要好一些，"水手号"（Mariner）行星际探测器最初由于技术故障，未能达到预期目的。1965年7月，在飞行7个半月之后，探测器从距火星9800公里处掠过，并在向地球靠近时发回21张包含大量科学数据的照片，传送一张照片需要8个半小时，毕竟要穿越两亿公里的距离。

　　3个月后，苏联开始了另一项试验。发射的"探测器2号"
（Sonde 2）距离火星仅1600公里，可惜无线电通信中断。随后
又有12次火星探索行动，成功10次，失败2次。1976年夏天，
火星研究进入新阶段，也就是后面将会谈到的"海盗"计划
（Viking-Programm）。

　　美国的"水手号"探测器有4个长度近7米的太阳能面板，
形似风车翼，重260公斤。技术装备包括电视相机、磁力计、
宇宙射线测量仪和微陨石探测仪。"水手号"计划进行了多次
探测飞行，地面接收站获取了数百万数据。

　　苏联火星探测器则被称为"火星1号"（Mars 1），重近900
公斤，后续的"火星号"探测器甚至重达4650公斤；它不仅
要飞越火星，而且携带着陆舱。着陆舱利用降落伞着陆在火星
上。火星着陆难度极大，6次尝试，就一次还算成功，设计师
和研究人员一定极度失望，因为图片传送仅持续了几秒钟，然
后就中断了。

　　一直到1974年，总共进行20次火星探测活动；虽然遭遇
种种故障和失败，但大大丰富了我们对火星的认识。这是此前
300年太空望远镜无法企及的，数千张照片足以制作出完整的
火星地图。火星构造和月球相似，表面布满大大小小的山脉，
但它在太阳系中地位特殊，其大气层中的云层和风暴便是明
证。至于火星上是否有水，是否有生命，目前还无法回答。

在地球和太阳之间

如果火星上没有出现强风暴和云层，在地球上用太空望远镜观察，至少可以识别出它的基本构造。但金星（Venus）被稠密的大气层笼罩，对于天文观察者来说，始终是个谜一样的存在。金星是地球的第二个邻居，距离地球最近时4000万公里。科学家立志借助航天技术更多地了解金星，也就顺理成章。在这方面苏联研究者功不可没，他们借助探测器进行了全新的、非凡的探索活动。事实上，在航天飞行的头20年，在向金星发射的25颗探测器中，21颗来自苏联。

和探索火星类似，探索金星起初也屡遭失败，几年努力之后，"金星4号"（Venus 4）探测器才首次通过无线电从金星大气层向地球传送数据。要更深入地了解金星的特征、地表和环境，探测器仅从金星旁边掠过，显然不够，必须穿越金星大气层，才能解开它身上的科学谜团。"金星号"系列探测器取得了非凡的成绩，获得世界的认可。获取足够多的数据和照片，才能对这个地球大小的行星有新的认识：在金星大气层中，二氧化碳占93% ~ 97%，氧只占0.4%。由于温室效应，其表面昼夜温度均接近500℃。

美国探索金星并无登陆计划，只有4颗"水手号"探测器从金星旁掠过，但也传回了大量照片。1974年3月，美国红运当头，探测器飞经距金星5760公里处，完成6800张照片的拍摄，约7周之后，它又从距离太阳最近的行星水星旁飞过，并在又扁又长的椭圆轨道上飞行1年，拍摄近万张照片，如此一来，便有望绘制出水星地图的40%。这个直径4840公里的星体，距离太阳最近，从地球上难以窥视其貌。和月球相似，水星表面布满环形山和尘土。

第五章 ———————— 第二代宇宙飞船

　　研究人在太空这种特殊环境下，尤其是失重的情况下，心理和生理会发生怎样的变化，这是"东方号"和"水星号"飞船当初载人航天飞行的意义所在。接下来，东西方必须进一步开发太空项目，以实现各自的既定目标。就美国而言，总统肯尼迪已经放出登月豪言，毫无疑问，一切工作都围绕其展开。苏联方面，只要涉及未来太空计划，始终三缄其口，但也有传言说，建造太空站是其最为迫切的愿望。但太空竞赛引发全球关注，苏联无法脱身其中，我们现在知道，其实苏联也在谋划登月项目。

　　无论是登月还是建太空站，都必须研发设备，其技术要求远高于单人太空舱。如何让航天员在太空停留数周，工作劲头却始终不减？什么条件下航天员可以进行舱外作业？飞船交会和对接技术是突破单一轨道飞行的前提条件，有待进一步检验。

"上升号"和里昂诺夫的太空行走

　　在飞船研发方面，东方是否应该再次领先？第一感觉确实如此。1964年10月12日，苏联将搭载3人的"上升1号"（Woschod 1）飞船送入地球轨道。"上升1号"作为最早的第二代飞船，实际上只是"东方号"的升级版，它重5320公斤，由新型强力火箭运载。飞船指挥员科马洛夫（Komarow）、科学家弗科蒂斯托夫（Feoktistow）和医生耶格罗夫（Jegorow）在飞行途中不用再穿航天服，耶格罗夫可以直接给两位同事和自己做医学检查，此前的"东方号"飞船必须用无线电传送相关数据。

　　"上升2号"飞船的成功发射，苏联也可以炫耀一番，至少在宣传方面，它赢得了不少分数。这次飞船上只有两名航天员，另外一个位置被改装成了管道，经由这个管道，用绳子把自己和飞船绑在一起的航天员阿列克塞·里昂诺夫（Alexeij Leonow）完成太空行走。人类第一次太空行走共持续了20分钟，人和飞船做同速运动，均为每小时28000公里，人距离飞船最远处达5米。这次行走自然有摄像机拍摄，地面站也进行电视转播。

　　"上升号"较"东方号"更为先进，降落时航天员留在舱里，无须弹射脱离座舱，再乘降落伞着陆。飞船带有制动火箭系统，降落时启动，能延缓着陆速度。

美国"双子星座"计划

　　从1965年3月至1966年11月，在短短19个月内，美国的"双子星座号"（Gemini）飞船共执行了10次携带两人的飞行任务，"双子星座"计划大获成功，享誉世界，在这期间，苏联未曾完成一次载人航天飞行。

早在1961年12月，继续研发"水星号"飞船的计划被公布于众，此时约翰·格伦还未完成绕地飞行的壮举。研发的关键在于建造能够在空中进行交会对接的飞船，飞船的转向和控制系统能完成各种太空作业，这对于后续的"阿波罗"计划（Apollo-Programm）至关重要。

新型太空舱包括对接装置在内，高3.4米，底部直径2.3米，圆锥形外形和"水星号"飞船相似，它将返回地球。太空舱连接动力系统，这部分高2.3米，16台发动机提供制动动力，以便飞船能再次进入地球大气层，另16台发动机用于控制姿态平衡。"双子星座号"飞船由重4.4吨的"泰坦2号"（Titan 2）运载火箭发射升空。

美国宇航员团队新增了23名成员，大部分参加了后来的"阿波罗"登月计划。

经过两次无人测试飞行，在苏联"上升2号"飞船发射5天后，美国"双子星座3号"（Gemini 3）飞船也成功发射，变轨飞行是其唯一任务，它先后完成3次。"双子星座4号"（Gemini 4）飞行4天，爱德华·怀特（Edward White）在飞船外停留了21分钟左右。"双子星座5号"（Gemini 5）飞行时间创造新纪录，达190小时55分钟，人类能否经受住登月飞行如此长时间的失重，首次有了定论。"双子星座7号"（Gemini 7）宇航员博尔曼

（Bormann）和洛威尔（Lovell）在舱外太空停留时间翻倍，3年后，他们乘坐"阿波罗8号"（Apollo 8）飞船首次绕月球飞行。晚11天发射的"双子星座6号"（Gemini 6），在与另一艘飞船交会时相距仅30厘米。航天史上首次对接飞行，由"双子星座8号"（Gemini 8）与"阿金纳"火箭（Agena-Rakete）上面级完成，遗憾的是，对接复合体失控旋转。各种挫折始终伴随着载人航天飞行，"双子星座9号"（Gemini 9）也未能幸免，发射被推迟两次，因为"阿金纳"目标火箭未能进入预定轨道，替代火箭也出现技术故障，最终没有实现对接。尽管如此，有一项既定任务幸运完成，宇航员尤金·塞尔南（Eugene Cernan）用绳子把自己和飞船连在一起，在舱外活动超过2小时。此外，还在非密封的太空舱进行了各种科学实验。

　　"双子星座号"飞船接下来两次任务都顺利完成，除了对接飞行，飞行高度也创造新纪录，达到1370公里左右。1966年11月，"双子星座"计划圆满结束。在航天飞行的最初9年，苏联的种种创举令人惊叹，但美国凭借"双子星座"计划，不仅在竞争中赢得了分数，还向世人展示了更胜一筹的未来航天项目。与此同时，美国也为登月创造了最佳条件。

事故和死亡

　　载人航天飞行高风险高危险并存，宇航员、火箭设计师和地面控制中心人员对此心知肚明。在航天飞行之初，种种问题初现端倪，无论是尤里·加加林的绕地飞行，还是约翰·格伦的太空之旅，概莫能外。宇航员大多数都曾是飞行员或者试飞员，他们及其家属都知道，将生死托付给有待检验的技术意味着什么。据说格伦曾说："我们中的某些人会死，也许整个团队。"

在那个年代，苏联使用种种手段对外封锁消息，因而不奇怪，在西方会出现各种传言，称哪怕是最早的轨道飞行，苏联飞船完成之后便成了太空中的"飞行棺材"。散布这种错误言论不知用意何在，无论是飞船发出的无线电信号，还是和地面进行的无线电联系，都逃不过全世界人的眼睛，掩盖秘密也就无从谈起。但是，拜科努尔发射场火箭发射台发生的事故就另当别论，注满燃料的火箭发生爆炸，不知道多少人丧生其中。

美国也发生过类似的悲剧，1967年1月27日，卡纳维拉尔角发射场，"阿波罗"飞船登月飞行例行测试正在进行。飞船内有3位宇航员，维吉尔·格里森、爱德华·怀特和罗杰·查菲（Roger Chaffee），前两人具有丰富的航天飞行经验。突然，地面控制中心听到怀特的声音："驾驶舱内发生火警。"起火原因可能是电缆短路，面对求救人们束手无策，而载人舱内的纯氧环境使得火势瞬间蔓延开来。美国航天史上第一次出现遇难者，不是死于太空中，而是地球上。"阿波罗"计划遭受重创，悲观者甚至担心，肯尼迪总统提出的1970年以前人类首次登月的计划无法完成。

此前还有3位美国宇航员候选人因为飞机事故丧生：查尔斯·巴塞特（Charles Bassett）、埃里奥特·希（Elliott See）和西奥多·弗里曼（Theodore Freeman），前两人原本准备参加"双子星座9号"飞行任务。

卡纳维拉尔角发射场火灾发生几周后，苏联也失去了一位经验丰富的航天员，事故发生于"联盟号"（Sojus）新飞船首次轨道飞行即将结束时。与"东方号"及"上升号"系列飞船相比，"联盟号"的先进性显而易见，将为苏联建造太空站助一臂之力。"联盟号"飞船设有设备舱和轨道舱，长13米，直径3米，总重6.8吨。两个太阳能面板和飞机的机翼相似，比以前的飞船更为灵活，能连续飞行30天。

1967年4月23日，只搭载弗拉基米尔·科马洛夫（Wladimir Komarow）一人的"联盟号"飞船首航。飞船进入轨道后发生故障，飞行任务只执行1天便被迫终止，降落时减速伞绳缠绕打不开，返回舱带着航天员像石块一样撞上地面，科马洛夫未能幸免于难。

习惯于捷报频传的苏联民众送别航天英雄，场面令人动容，在克里姆林宫城墙旁，英雄的妻子和15岁的儿子送别亲人，此情此景令人永生难忘。11个月后，苏联痛失另一位航天员尤里·加加林，在代表人类首次进入太空7年之后，因飞机失事而离奇身亡。

　　"联盟号"飞船又执行了9次任务，试验交会和对接飞行，为建立太空站做必要的准备。1971年6月30日，历时近24天、绕地380周的最长飞行任务即将结束，降落时返回舱密封出现问题，舱内气压快速下降，3名航天员，维克托·帕塔萨耶夫（Viktor Pazajew）、弗拉季斯拉夫·沃尔科尔（Wladislaw Wolkow）和格奥尔基·多布罗沃尔斯基（Georgij Dobrowolski）毫无生还机会，于舱内窒息而亡。

第六章 —————— 服务大众的应用卫星

赫尔曼·奥伯特，航天先驱者之一，早在20世纪20年代，他就意识到，航天飞行要获得资助和大众认可，必须摆脱太空冒险的窠臼，带来实实在在的利益。就火箭的应用前景他写道："火箭可以携带太空望远镜，飞越难以抵达的区域，进行拍照或者摄影测量。比如，对非洲内陆、中国青藏高原、极地、格陵兰岛等地的研究，如果有完整俯瞰图，无疑要深入得多。"今天，我们翻阅地球探测卫星拍摄的画册、台历中的图片，不免惊叹于奥伯特对航天应用前景判断之准确。

如果到了今天，还认为航天就是烧钱行为，缺乏普遍意义，那就太健忘了，是对航天新技术逐步得到的广泛应用，甚至带来的巨大收益，熟视无睹。

电视连接大西洋两岸

1962年7月23日晚上，从芬兰到西西里岛，数百万人守候在电视机旁，等待一个特别的节目，在美国，即便当时是下午，很多人也同样盯着电视。这是万众期待的时刻，第一次，电视直播信号将从美国传到欧洲，又从欧洲跨越大西洋传到美国。

美国向电视观众介绍了从纽约到旧金山的风情，欧洲电视节目交换网成员国则尽情展示各自知名的旅游胜地，也是大西洋彼岸的人向往的风景名胜：罗马西斯廷礼拜堂、西西里岛塔奥敏纳城、维也纳皇家马术学校和巴黎卢浮宫。只有联邦德国按照欧洲电视节目交换网的要求，再一次展现煤炭和钢铁之国的形象，为此，德国报道员站在杜伊斯堡旁的莱茵豪森的一座高炉旁。

负责首次跨大西洋电视转播的是主动通信卫星"电信1号"（Telstar），它呈球形，直径90厘米，重77公斤。除了电视信号，它还能传输数百个电话。连接两大洲的信号只持续了15分钟，因为卫星运行在950～5600公里高的轨道上，覆盖大西洋上空的时间就这么长。

"电信1号"是第一个商用通信卫星，两年前发射过一颗被动气球卫星，直径30米，覆有铝膜，反射接收到的无线电信号。

通信领域要有所突破，建立全球通信网络，必须将卫星送入静止轨道，也就是赤道上方的同步轨道，高度约36000公里。卫星在这个轨道上似乎静止不动，因其运行周期和地球自转周期相同。

"电信1号"发射一年后，美国将首颗地球同步通信卫星"同步号"（Syncom）送入太空。直至今天，功能越来越强的地球同步卫星不断进入太空，全球电话、传真、电视和数据的传输得以畅通无阻。

天气预报

今天，没有哪家信息媒体，不管是日报、电台，还是电视台，有胆量舍弃天气资讯和天气预报。农业、林业、建筑业和旅游业，都要根据每天的天气预报来安排生产经营活动，预报错误或者信息不全都可能导致国民经济遭受重大损失。

相比过去几十年，现在天气预报要准确得多，世界气象卫星组织功不可没，美国、俄罗斯、欧洲诸国、日本和中国都属于该组织，最近印度也加入进来。和通信卫星一样，大多数气象卫星也位于静止轨道，摄像头覆盖地球表面面积到达最大值。

依托航天技术，全球众多气象站的建设日臻完善。虽然全世界一万多个船舶气象站和数千个船舶观测点已经可以提供大量数据，但只有借助气象卫星，气象研究水平，特别是天气预报的准确性，才能有实质性的提高。各种数据，比如温度、湿度、臭氧值，特别是覆盖了从红外到可见光范围的云层运动图像，云层运动方向、速度和高度，都可以传输到地面接收站，供专家分析，从而精确预报随后24小时，甚至几天的天气情况。

航天技术的应用价值早就为人所知，1960年4月1日，美国成功发射了第一颗气象卫星"泰罗斯1号"(Tiros 1)。苏联则拥有"流星号"(Meteor) 卫星系列，1969年以来，30多颗"流星号"卫星进入高度为600～900公里的极地轨道。

欧洲航天局（ESA）也自主研发卫星，名称就叫气象卫星（Meteosat），从1977年至1997年，共有7颗气象卫星进入预定轨道。气象卫星长3.2米，直径2.4米，重约700公斤。不久它将被更先进的卫星取代，这样可获取的数据量大幅上升，尤其是气象图数据，这些数据只有位于达姆施塔特（Darmstadt）的欧洲空间运行操作中心（ESOC）功能强大的计算机能够处理。

重绘世界地图

绘制世界地图的历史，是文化史中最精彩的篇章。数百年来，用于指引方向的地图日臻完善。然而，就在几十年前，地图上尚留诸多空白，经过卫星的系统勘测，获取更加详尽的信息，空白得以填补。

在这方面，美国的陆地卫星计划（Landsat-Programm）颇具代表性，它始于1972年，后来被应用于太空天气研究。到1984年，共投入6颗卫星，其中2颗由于技术故障失败。陆地卫星在约900公里高的极地轨道上作业，它沿卫星地面轨迹以185公里的幅宽拍摄地球表面，每隔18天飞经同一区域。卫星上的摄像机拍摄图像，覆盖从红外到可见光的不同波长范围，在飞经地面站上方时，图像被扫描传输至地面。

卫星除了用于绘图，在连续对地观测方面也大有可为，比如，监测大片农林区，分析其发展趋势。卫星还可以监测、勘探海洋变化、污染情况，冰山冰川运动，偏远地区气候变化，矿藏和饮用水源。自20世纪70年代以来，卫星在环保方面的应用价值更是与日俱增。

卫星对地观测硕果累累，专家称其为航天技术最成功的应用。俄罗斯也参与其中，开发了资源地球观测卫星（Resurs）。面对这一应用性广、收益可观的项目，欧洲不愿袖手旁观，1991年，欧洲遥感卫星（ERS）项目启动，它采用雷达成像，具有不惧黑夜及厚云层的独特优势。对地观测后来还成为美国航天飞机（Space Shuttle）的任务之一。

第七章 —————————— 军事项目

　　很长一段时间，航天技术都还要背负着战争帮凶的罪名，即便开辟通往星际空间的道路才是其初衷，就像赫尔曼·奥伯特所设想的那样。事实却是，"二战"末期，火箭被用于运载武器，印证了那句常被戏谑的名言："战争是万物之父。"（赫拉克利特，约公元前550年至公元前480年）

　　1945年之后，东西方自然还会进一步开发新技术的军事用途。在那个时代，"闪电战"和"过度杀伤"等概念都成了日常用语。两个超级大国一旦感受到潜在对手的威胁，便各自亮出装满洲际导弹的武器库。回顾历史，武器的势均力敌对遏制冷战升级起到了决定性的作用，这种论调似乎不无道理。

轨道上的间谍

　　即便在今天，对于航天技术在军事方面的应用，猜测成分居多，真凭实据不足，因为和其他军事项目一样，在这个领域，谁都不愿对方看清自己的底牌。但不容否认的是，20世纪60年代至今，很多地球探测卫星改头换面，被送入轨道充当间谍卫星，为了保密，甚至还有严加看守的专用发射场，在美国加利福尼亚有范登堡（Vandenberg）发射场，在俄罗斯阿尔汉格尔斯克南部有普列谢茨克（Pleseck）航天发射场。

　　此类卫星既可以运行于静止轨道，便于侦察大片区域，也可以运行于近地轨道，进行更有效的侦察，它距地球最近时仅150公里，所拍摄到的图像通过专用舱带回地面分析。随着图像质量的不断提升，现在连很小的目标都能识别出来，比如军事阵地、车辆。至于说能看清德国小报上的标题，这并非事实，想象而已。此外，有了红外线技术，火箭发射或者坦克移动都无处可藏，军事卫星还能窃听无线电通信。

　　军队为了摆脱对民用通信系统的依赖，开发了自己的军用网络，必要时可以保持全球通信。此外，导航卫星也开发出来了，可精确定位船舶和飞机，误差精确到米。这些技术也可以民用，比如全球定位系统（GPS），可用于航运、空运，甚至道路交通。

杀手卫星和激光炮

　　除了上述被动军用卫星，30多年前的相关研发成果，就足以辱没航天技术的英名，让众人相信，航天领域所做的一切，都是为了军事目的。

　　1968年10月，苏联发射"宇宙249号"（Kosmos 249）卫星，它携带炸药，飞向目标卫星，并将其炸毁。此类试验进行过多次，但成功的少。一旦这类卫星被用于战争中摧毁对方通信卫星，这意味着什么，不言而喻。

　　美国方面也让人忧心，20世纪80年代，冷战进入胶着阶段，美国总统罗纳德·里根（Ronald Reagan）宣布实施一项战略性的军事计划，官方名称"战略防御倡议"（SDI），俗称"星球大战计划"，源于一部俗不可耐的电影名。美国的初衷主要是自卫，用激光炮和截击导弹防御潜在敌人的洲际导弹，但至少在心理战层面，它激化了东西方矛盾，尤其违反相关协定，比如《限制反弹道导弹系统条约》（ABM-Vertrag），该条约禁止双方发展反导系统。1989年，世界格局发生巨变，冷战结束，专家认为"星球大战计划"在技术和资金方面都难以为继，最终寿终正寝，但总统克林顿提出一个耗资较少的修改版计划——国家导弹防御体系（NMD），旨在保护美国免遭潜在新敌如伊拉克和朝鲜的袭击。该计划在过去这些年先后进行三次试验，仅成功一次，但此类项目的实施，始终违反了《限制反弹道导弹系统条约》。

第八章 ———————— 人 类 一 大 步：
"阿波罗" 计划

数百年来，探索月球的渴望唤起人类无限遐想，飞向这颗黑夜之星是文学作品经久不衰的主题。约1800年前，希腊讽刺作家琉善（Lukian）做过如此描述——一道旋风卷起帆船，把它带到月球——从此登上月球就是人类的梦想。17世纪初，天文学家约翰尼斯·开普勒（Johannes Kepler）离梦想近一点，他揭示了月球上存在巨大温差。英国的两位宗教人士，约翰·威尔金斯（John Wilkings）和弗朗西斯·戈德温（Francis Godwin），梦想飞向我们的太空邻居，戈德温甚至认为月球居民比地球居民更胜一筹。此时再去提儒勒·凡尔纳（Jules Verne），未免多此一举。诗人和科幻作家笔下常常出现月球之旅，这不足为奇，因为月球离我们这么近，似乎触手可及。

月面环形山和创世记

前面提到过1967年1月27日，在"阿波罗"飞船的测试中突发火灾，3位宇航员遇难。经过全面调查，认定事故是由生产商的失职导致。登月计划要继续实施，宇航员的生命安全得到保障是前提条件，因此，技术方面必须再千锤百炼，比如：易燃材料必须更换，否则球形舱内的纯氧环境遇到电缆短路必然发生火灾；舱门也要改进，以便在发射阶段出现紧急情况时，宇航员自己可以从里面打开舱门逃生。

　　首次登月的准备工作受事故影响极大，美国人的忧虑一再表露无遗：苏联又要成为登月竞赛的赢家，肯尼迪的登月豪言要落空了。重压之下，美国宇航局并没有贸然行动，而是先进行无人试飞，1967年11月，"土星5号"月球火箭首次进入地球轨道。"土星5号"高110米，共3节，早在1962年，韦纳·冯·布劳恩就带领团队开始设计工作。"土星5号"定能将120吨的有效载荷送入500公里高的轨道，将45吨的有效载荷送至月球。它发射时重量接近3000吨，卡纳维拉尔角发射场专门为这个庞然大物建造安装车间，规模之大，超出科隆大教堂数米，把它从安装车间运到发射台，还动用了履带式拖拉机。

　　在间隔21个月后的10月，"阿波罗"飞船第一次载人绕地飞行，3名宇航员测试对接系统，为登月做准备。此次运载火箭是"土星5号"的迷你版，但结果令专家非常满意。几周后，美国宇航局就发射了"阿波罗8号"飞船，勇敢地开启了月球之旅。

　　"阿波罗8号"发射日期的选择有讲究，3名宇航员在1968年平安夜正好进入月球轨道。这次举世瞩目的飞行几近完美，指挥服务舱围绕月球飞行至112公里高时，正好是12月24日中午，数百万德国人也坐在电视机旁，观看飞船飞过月面环形山和月溪的电视直播。40岁的指令长弗兰克·博尔曼（Frank Bormann）做飞行报道："'阿波罗8号'宇航员吉姆·洛威尔（Jim Lovell）、比尔·安德斯（Bill Anders）和我有一个给地球上所有人的消息：在一开始，神创造了宇宙天地。地球无形且空虚，深深的黑暗；上帝的灵行在水面上。"随后他又继续，"在结束时，我们想说晚安，好运，圣诞快乐，上帝保佑你们，在美好地球上的每一个人。"

飞船绕月球飞行10周，其间为寻找第一次登月着陆点探测静海并拍照，随后返回地球。3天后，飞船降落在救援船只守候的太平洋。至此，最勇敢的一次载人航天飞行结束。地月距离介于356410公里和406740公里之间，人类首次离开地球达40万公里远。现在，即便怀疑者也相信，人类很快会登月。

"'鹰号'着陆成功"

时间紧迫，但美国宇航局不愿冒险，继续有条不紊地测试飞船和火箭。"阿波罗9号"（Apollo 9）成功发射，锥形指令舱、服务舱和蜘蛛状登月舱首次同时进入太空。飞船只在地球轨道飞行，两名宇航员进入登月舱，驾驶登月舱与飞船分离，最远相距190公里。

"阿波罗9号"大获成功，两个月后，"阿波罗10号"（Apollo 10）便进行全方位的飞行测试。飞船绕月球飞行31周，宇航员托马斯·斯塔福德（Thomas Stafford）和尤金·塞尔南对登月舱进行模拟测试，它朝计划中的登月点驶去并返回，距离月球表面最近时仅15公里。

这一刻终于来了，1969年7月16日，卡纳维拉尔角发射场，尼尔·阿姆斯特朗（Neil Armstrong）、埃德温·奥尔德林（Edwin Aldrin）和迈克尔·科林斯（Michael Collins）搭载"土星5号"运载火箭按计划升空，分秒不差。安全距离之外，众多现场见证者预感到，只要"阿波罗11号"（Apollo 11）不辱使命，未来几天必将载入史册。现场之外，全世界的人都守在电视机旁，目睹飞船如何飞越佛罗里达上方的蓝天，甚至于60公里高空第一级火箭的分离，都还在视野之内。

随后，一切按计划顺利进行，在绕地飞行第二周到达太平洋上空时，第三级火箭点火，初始速度达到每秒10.8公里，3位宇航员开始朝月球进发，3天后将到达月球轨道，原来计划中的几次变向并未实施。

7月20日，星期天，或许是"阿波罗11号"设计师的幸运日，大戏的高潮即将上演：着陆静海，探索月球，返回地球。肾上腺激素急速上升，恐惧和不安紧紧地攫住每一个人，他们深知其中的危险：所有技术系统运转正常吗？突发危险或故障，可在哪个阶段终止任务？登月舱会陷入月球表面多深？返回制动发动机出现故障，有备选方案吗？每个人心中都冒出无数个问号。随后，飞船又发出程序警报：执行溢出，意味着登月计划终止或继续，最终选择是"继续"。

最激动人心的时刻到来了，中欧时间18点46分，飞船绕月球飞行第13周在来到月球背面时，"鹰号"（Eagle）登月舱与"哥伦比亚号"（Columbia）指令舱分离。5分钟后，"阿波罗11号"和休斯敦（Houston）飞行控制中心之间的通信才又连上了，雷达捕捉到了登月舱和指令舱，随后传来留在指令舱并将单独绕月飞行一天多时间的科林斯的声音："鹰起飞了。"

其间有通讯社称，苏联探测器"月神15号"（Luna 15）与"阿波罗11号"同时绕月球轨道飞行，这引发种种猜测：苏联要偷拍竞争对手着陆月球的照片？或是想干扰对方登月？苏联被要求公布探测器飞行轨道数据，以避免出现不必要的麻烦。随后苏联官方称，探测器在月球表面的指定区域降落。现在真相大白，探测器高速下落坠毁在月球上。苏联本想借助探测器，无须冒生命危险，还能赶在美国前将月球岩石带回地球，如今这一如意算盘落空了。

阿姆斯特朗和奥尔德林身着宇航服，立于登月舱仪表盘前，在月球背面，再次启动推进器，登月舱借机将用时28秒沿椭圆形轨道由107公里高度下降至15公里。再一次检查飞船系统所有功能，随后进入生死攸关的阶段，但并没有按原计划进行电视转播，一方面不想给两位宇航员增加额外负担，另一方面为无线电通信和数据传送节省能量。其间休斯敦飞行控制中心发出允许登陆的指令，中欧时间21点5分，点燃发动机，

400公里开外就是登陆目的地。

随后12分钟令人揪心，奥尔德林断断续续向指挥中心报告：高度，下降速度，登月舱位置——漫长的等待。时间过了，地面控制中心指挥台旁，人人神色紧张。指令长阿姆斯特朗将自动控制转为手动控制登月舱，在燃料耗尽前越过一片貌似不适合着陆的足球场大小的岩石。终于，让人如释重负的声音传来了："关闭发动机！"还有一句，干净利索，就像操练场上的应答口令："休斯敦，这里是静海基地（Tranquillity Base）。'鹰号'着陆成功。"此刻，欧洲时间21点17分43秒。

阿姆斯特朗和奥尔德林还不能放松，他们必须检查登月舱的位置和所有系统是否正常，以便决定是否需要提前返回。随后休斯敦飞行控制中心确认，可以按计划进行考察月球的活动。登月舱驾驶员奥尔德林通过无线电说道："我想利用这个机会让所有正在听的人，不论他们是谁或在哪里，静下来，回顾一下过去几小时所发生的一切，并以他或者她自己的方式表示感恩。"

考察月面静海

两位宇航员何时离开登月舱踏上月球，各种自相矛盾的消息在这天夜里满天飞。他们会按照计划等到第二天早上吗？还是会选择当天？在欧洲，很多人一直守候在电视机旁，生怕错过这一历史时刻。他们必须一直等到第二天凌晨，德国时间3点38分，在做好必要的准备工作之后，阿姆斯特朗和奥尔德林终于打开了登月舱的舱口。阿姆斯特朗用了几分钟费力地首先钻出舱口，来到舷梯上端的狭小平台，地面控制中心的医生要求他们慢慢地从铝制梯子走下来。

黑白摄像机内置于登月舱的外舱里，可从远处拉开镜头盖使镜头正对梯子。摄像机首次向地球传回月球画面，略显阴森恐怖：隐约能识别出白色月球表面上方的黑色天空，阿姆斯特朗身处其中，背上一个大行囊，里面是他在这个恶劣环境中生存所需的一切物资。阿姆斯特朗沿着舷梯慢慢走下，靠近登月舱支脚的底盘，底盘陷入月球表面尘土只有几厘米。左脚小心翼翼地踏上了月球表面，然后慢慢放下右脚。

接下来，阿姆斯特朗说的这句话，绝非一时兴起，而是经过深思熟虑："这是我的一小步，但却是人类的一大步。"它成了名言，家喻户晓。第一次，人类踏上另一个星球，时间：星期一，7月21日，中欧时间3点56分20秒，美国星期天晚上。在纽约中央公园，数千人通过大屏幕目睹了这一历史时刻，全世界约5亿人观看了电视直播。

奥尔德林随后也登上月球，探索月球的序幕就此拉开，这个画面将永远载入20世纪历史。这是科学考察和政治展示的混搭，登月舱腿上的一块铭牌被揭开，上面印有当天日期、"阿波罗11号"3位宇航员和美国总统理查德·尼克松（Richard

Nixon)的签名，铭牌上还有这样一句话："我们为全人类和平而来。"随后，美国国旗插上月球，给人时空错乱之感，只能理解为，两个超级大国10年太空竞赛画上终止符。尼克松在白宫用无线电和两位宇航员通话，并出现在电视画面的一个圆圈中，他的前任在8年前立下登月誓言，如今誓言成真。

除上述仪式，两位宇航员在登月舱外的大部分时间用于科学考察，科林斯则在月球轨道上通过无线电了解115公里的下方所发生的一切。他们登月之后立即采集月球岩石样品，供世界各国实验室研究，并与后来登月采集的样品进行比对分析。来自加利福尼亚的诺贝尔奖得主哈罗德·尤里（Harold Urey）在"阿波罗11号"发射前曾自信满满地表示："给我一小块月球样本，我会告诉你们，太阳系是怎么形成的。"

两位宇航员把电视摄像机重新摆放在距离登月舱15米远的地方，正好可以拍下他们的一举一动。

和登月技术的错综复杂相比，一位瑞士科学家的实验建议显得那么简单：将一块旗状铝箔固定在杆上，收集所谓太阳风，登月活动结束时卷起铝箔，带回地球。两位宇航员安装激光发射器，以测量地月之间的距离，每次测量结果可以精确到厘米。另一个仪器月震仪用于记录月球内部的震动现象，并通过无线电传回地球。

宇航员向休斯敦飞行控制中心报告行动的每一步，以及任何细微的发现。月球上的重力仅为地球上的六分之一，他们拍照摄像时一开始显得无所适从，但后来，虽然身着笨重的宇航服，背着大背包，却能像忘乎所以的袋鼠，一蹦一跳前进，月球表面此刻成了舞池。比千言万语更有说服力的是留在月面浮土里的鞋靴的印记，它清楚无误地告诉我们：月球，我们的太空邻居，绝非舒适的居所。没有风雨会擦去这个印记，没有冰雪会改变这个印记。

休斯敦飞行控制中心发出指令，要求他们将装有岩石样品的标本箱带回登月舱，结束月面工作，尽管他们百般不舍。奥尔德林首先登上舷梯平台，一刻钟后，阿姆斯特朗也回到舱内。人类对新世界的第一次探索之旅结束了，从走出登月舱到返回登月舱，一共是2小时31秒。

返航和隔离

阿姆斯特朗和奥尔德林结束紧张的工作，花时间吃了点东西。然后他们再次戴上防护帽，穿上在舱外工作时曾使用过的维持生命系统的宇航服，打开舱口。他们把不需要的东西都扔了，以减轻登月舱的重量，为返航做准备。终于可以按照计划睡个觉了，但是紧张的心理，狭窄的空间，没法好好睡觉彻底恢复，即便预留了7个小时的休息时间。

无论地面控制飞行中心，还是心系"阿波罗11号"的每一个普通人，都知道，就像一天前的登月，又一个性命攸关的时刻来临：启动发动机升空，和母船"哥伦比亚号"对接。所有人都屏住气息，中欧时间18点54分，"鹰号"登月舱发动机成功点火，上升部分起飞时与登陆装置分离，大家松了一口气。

两人透过小舷窗，目送渐渐远去的月面静海处的环形山。终于和母船对接上。11个小时后，开始返回地球。

7月24日中午，电视观众观赏这部扣人心弦的航天史诗的最后篇章："阿波罗11号"飞船宇航员返回地球。锥形指令舱高速进入地球大气层，飞行角度误差不能超过2°，正如所料，飞船和地面站的无线电联系因飞行产生的高温中断3分钟。终于，让人如释重负的消息传来，最后一道难关通过了。

"大黄蜂号"（Hornent）航空母舰停泊在夏威夷西南约1500公里的太平洋。搜救船上方7300米高处，巨型降落伞打开，带着指令舱缓缓降落到水面。通过卫星和地面站网络，49个国家对此进行现场直播。当直升机降落在甲板上，美国总统来到航母舰桥欢迎宇航员归来。他们戴着面罩从登月舱出来，朝着专用隔离室走去，情形有点恐怖。给他们制定的隔离措施极其严格，称得上空前绝后。教徒在船上为他们祈祷："在过去一周，我们一起忧虑，一起希望……我们感谢你们平安归来，回到我们身边，回到家人身边，回到所有人身边。"

几天后，3位宇航员在隔离室隔着玻璃和家属第一次通电话。8月13日，从隔离室出来的第二天，纽约大街彩纸满天飞，庆祝游行场面之大，此前他们只经历过两次，一次是查尔斯·林德柏格（Charles Lindbergh）首次跨越大西洋飞行，另一次是美国宇航员约翰·格伦首次环绕地球飞行。

随后，他们的足迹踏遍包括德国在内的23个国家。宇航员受到德国人民的热烈欢迎。德国人民全程关注登月探险，无比敬佩宇航员的勇气，实现人类第一次登月壮举的正是这些宇航员。他们接受了无数次的采访，一遍又一遍讲述登月历程。行动的每个步骤，登月飞行的具体过程，宇航员们叙述起来并不费力，但当时的心情，他们几乎无法用语言来描述。宇航员不是诗人，他们不善于大谈特谈内心的恐惧和情感。"阿波罗11号"成功登月30年后，奥尔德林说道："对我来说，所有问题中最简单却总是很难回答的就是，当你踏上月球那一刻，心里是怎么想的？成功，敬畏，荣誉，成为'更早的发现者'，所有这一切都很难说得清楚。"

美国如期完成了肯尼迪制订的"60年代末登月"的计划，在和苏联贯穿整个20世纪60年代的太空竞赛中获得胜利。为什么航天初期东方硕果累累，现在却落在了后头？若干年后才明白其中缘由。航天技术应该走民用路线还是军用路线，苏联内部摇摆不定，这导致为登月所付出的努力都付诸东流。1966年，苏联又失去了谢尔盖·帕夫洛维奇·科罗廖夫，他们杰出的总设计师和组织者。此外，苏联为登月建造的N1火箭，功能和美国"土星5号"相似，但试飞屡屡失败。苏联一再否认参与登月竞赛，但根据最近几年披露的计划，其登月的真实意图无法再掩盖。与美国的两人登月计划不同，苏联计划仅一人登月，另一人留在母船。苏联业已完成的登月设备和美国的相似，却成了博物馆的摆设。

第九章 ——————— 六次往返月球

　　美国宇航局决定短期内连续登月，探索月球不同区域，为科研工作提供尽可能多的信息。距离首次登月仅过去4个月，"阿波罗12号"（Apollo 12）就升空了，目的地风暴洋，距离"阿波罗11号"着陆点1200多公里，自动探测器"勘测者3号"（Surveyor 3）2年7个月前着陆的位置。宇航员两次走出登月舱，行程约2公里，历时7小时45分钟。想看登月电视直播的观众倍感失望，摄像机，这次还是彩色画面，遭遇强太阳光，导致视频被毁，地球上只能接收到无线电通信。

救援生死时速

　　预言者曾警告说，13是个不祥的数字，但美国宇航局不为所动，按部就班给飞船编号，即便在第3次登月发射前遭遇人员更换问题。发射时间定在1970年4月11日，目的地弗拉莫罗高地（Fra Mauro-Region），指令舱驾驶员托马斯·马廷林（Thomas Mattingly）由于生病，临时被杰克·斯威格特（John Swigert）替换。在出现这种情况或类似情形时，美国宇航局原则上用替补成员顶替正式成员，甚至更换整个队伍。

　　此次行动的指令长詹姆斯·洛威尔，美国宇航局经验最为丰富的宇航员之一，曾乘"双子星号"飞船飞行14天，并参与"阿波罗8号"飞船任务，成为第一批绕月飞行的宇航员。4月14日，洛威尔和同伴乘坐的"阿波罗13号"（Apollo 13）飞行了近56个小时，此时和地球相比，它距离月球更近，突然，斯威格特发出警报："休斯敦，这里发生故障。"宇航员听到爆炸声，控制仪表显示，有一个电路电压下降。服务舱里一个氧气罐发生爆炸，指令舱整个能源供应系统很快就会失效，宇航员处于生死边缘。宇航员一边和地面控制中心通话，一边疯狂准备自救。着陆月球的登月舱自带一套能源供应系统，因此，救援只剩一条途径：宇航员由指令舱转移到登月舱，启动登月舱返航。救生艇的能源储备显然不如发生爆炸前的指令舱，必须节约使用，更何况，必须绕过月球才能返回地球，需要3天多的时间。登月舱内的温度被调低至5℃，食物不能像以前那样加热，只能吃冷的。和3位宇航员面临的生死考验相比，这又算得了什么。要返回地球，必须点燃发动机，但它是否完好无损还是个问题。要进入自由返回轨道，必须执行一次轨道纠正，否则，飞行路线可能偏离地球几百公里，救援失败。登月舱的两台火箭发动机运转正常，又一个困难被克服，宇航员和地面指挥中心略微宽心。

在"阿波罗13号"进入地球大气层前，宇航员回到指令舱，服务舱和救命艇被销毁。直到此时，他们才能看清爆炸受损情况并拍照。紧张万分的时刻再一次到来。现场目击者称，当时地面控制中心指挥室非常安静，连针掉在地上的声音都能听见。指令舱能调整到合适角度，顺利穿过地球大气层吗？这些天一直紧绷的弦终于放松了，救援船上的人看见，巨大的降落伞打开，在发生爆炸87小时后，飞船降落在太平洋萨摩亚群岛东南方。休斯敦指挥中心不懈的模拟和计算，飞船和地面指挥人员不间断的联系，使得死里逃生的奇迹发生了。

几个月后，洛威尔、斯威格特和海斯（Haise）出席康斯坦茨（Konstanz）航天大会，从他们的神情很轻易就看出，事故留下的阴影并未消除。3人此后再没有参与航天飞行活动。

驱车月球表面

美国宇航局最初计划登月10次，随后计划压缩，共登月成功6次，一方面出于成本考虑，另一方面大家认为，探索月球其他区域，不会有更多的新发现。

"阿波罗13号"的事故原因必须彻查，发现的问题必须解决。这导致9个月后，即1971年1月31日，才又有登月活动。这次登月的目的地，就是"阿波罗13号"计划着陆的弗拉莫罗高地，距离月球赤道不远。第一次，一辆月面运输车被带上月球，运送科学仪器和月球样品比以前容易多了。

最后3次登月，宇航员工作起来更为轻松，因为建造了月球车，它所采用的各种绝妙技术，成为设计师技术研发的样

板。建造的月球车，首先满足质量轻的要求，发射时重量仅为
250公斤。车的大小为3米×2米，折叠后体积减半，可以放入
登月舱。略微提几个技术细节，或许都比长篇大论更能说明地
月的不同。月球表面昼夜温度在正负120℃之间，橡胶轮胎在
月球上不能用。那么，用钢丝网制成轮胎，涂上锌层，胎面缠
绕钛片，问题迎刃而解。蓄电池供电驱动发动机，动力问题也
解决了——月球属于真空环境，普通内燃机无法运转。

月球车导航自有妙招，就像轮船飞机导航，计算机计算驶
过的路程和变向，从而确定目标方位及离开初始位置的距离。
月球车安装了电视摄像机，由休斯敦指挥中心控制，所拍画面
传回地球。

使用月球车，扩大了宇航员的活动半径，科考活动的数量
也有所增加，"阿波罗17号"（Apollo 17）宇航员在月表作业时
间甚至超过22个小时。飞船登陆地点也扩大到月球赤道边缘
的山区："阿波罗15号"（Apollo 15）降落在月球北部的哈德利
月溪（Hadley-Rille）附近；"阿波罗16号"（Apollo 16）登陆笛
卡儿高地（Descartes）；"阿波罗17号"在陶拉斯—利特罗地区
（Taurus Littrow-Region）着陆，地质学家哈里森·H.施密特
（Harrison H. Schmitt）博士的加入壮大了登月队伍。

其间苏联也有惊人之举。1970年11月，一辆在地球上远
程控制的月球车登陆月面雨海（Mare Imbrium）地区，1973
年1月，又有一辆更先进的月球车登陆月球；5人团队在地球

上负责操控月球车，两辆月球车在月球表面共行驶了47公里。月球车重750～850公斤，底盘下装有8个轮子，靠太阳能电池供电。车上还配有几个电视摄像机，向地球传回的图像达10万张。

1969年美国首次成功登月，而苏联发射的"月球15号"（Luna 15）探测器未能实现预期目标。7年后的1976年8月，苏联终于得偿所愿："月球24号"（Luna 24）探测器带着月球样本返回地球，再次证明苏联的航天技术始终保持在高水平。

美国"阿波罗"计划预算资金达250亿美元，折合德国马克约1000亿；计划登月10次，后压缩为7次，节约资金10亿美元。60%的资金用于设计建造飞船和"土星5号"运载火箭，运行和设施费用总计24亿美元。

在20世纪60年代末，来自工业、高校、研究院和美国宇航局共计40多万人，参与火箭、飞船和必要基础设施的设计和建造。

那么，12名登月宇航员后来命运如何？登月让阿姆斯特朗成为家喻户晓的人物，在完成这一壮举之后，他马上从美国宇航局退职，转而担任辛辛那提（Cincinnati）大学航空工程学教授至1981年，最后隐居农场，完全从公众视线中消失。奥尔德林，曾花几年时间戒酒，现担任某太空旅游公司的董事。惨遭厄运的是查尔斯·康拉德（Charles Conrad），"阿波罗12号"的指令长，曾参与4次航天飞行，是经验最为丰富的航天员，1999年骑摩托车遭遇事故，不幸丧生。"阿波罗14号"
（Apollo 14）的宇航员艾伦·谢泼德死于白血病。"阿波罗15
号"的宇航员吉姆·欧文（Jim Irwin）死于心脏病。

"阿波罗"登月的是与非

　　"阿波罗"飞船登月成功伊始，迎来世界一边倒的喝彩声，
但随着时间的推移，质疑声不断：探索月球，载人航天飞行，
究竟有何意义和用处？相关讨论持续至今，并牵扯未来计划。

　　登月飞行尚未开始，德国诺贝尔奖得主马克斯·玻恩
（Max Born）就称其为"悲剧性的理性失明"。美国哲学家刘
易斯·芒福德（Lewis Mumford）甚至表示，航天飞行是"人
精力、思考力和其他宝贵能力极度反常的表现"，是"用尽心
机试图逃离地球现实"。他认为，在不惜劳民伤财上得不偿失
的太空项目之前，必须先解决众多实际问题，比如发生在第三
世界的灾难、流血战争、饥饿、污染和糟糕的教育状况。

　　面对种种质疑，支持方有时也据理力争，但并不总是理直
气壮。他们辩解，登月飞行的准备和实施过程，堪称组织管理
工作的典范，可以解决这个时代的很多问题。换句话说，不是
目的，而是方法，推陈出新，利国利民。反对方批评航天领域
生产了很多"残次品"，结果被倒打一耙，称正是产品的各种
瑕疵，才需要巨额投入加以改进。

时至今日，还有人认为，登月纯粹是国家荣誉被误导的产物，两个竞争对手，在冷战的背景下，都企图借助航天领域的胜利，向世界证明，自己才是科技领域的强者。

也许几十年后，才有可能给这个时代盖棺论定，阿姆斯特朗的一小步是否真的是"人类的一大步"，才会有最终的答案。在纪念登月30周年之际，总算有了更为客观理性的评价，不似从前的口舌之争，谁也说服不了谁。

美国为登月花费资金数十亿美元，而哥伦布发现新大陆，付出的成本不过是船只，毫无疑问，两者天差地别。但斗胆请教，登月，不正是人类探索世界的延续吗？航海家，比如瓦斯科·达·伽马（Vasco da Gama）和詹姆斯·库克（James Cook），扬帆起航，驶向未知的海岸；其他先驱者，或投身中非丛林，或远赴南极北极，揭开世界最后未知领域的神秘面纱。如果人类的行为只受利益驱使，那无异于自愿自绝于文化的丰富多彩。在功利的世界，探索的渴望，无处安放，艺术的命运，概莫能外。

或许，我们对最初的登月探险充满热情，源于对这个世界认识的改变：在这样一个经历了战争和经济危机，大屠杀和原子弹，失败和沮丧的世纪，存在一种行为，人在其中扮演的角色不再是生命的终结者，而是和平的发现者。

随时间淡化的还有登月带给人的激情体验：我们的地球，一颗蓝白色的球体，悬挂于月球地平线上方，多美的画面，宇航员不禁赞叹，"像一颗蓝宝石悬挂在漆黑的天鹅绒般的太空中"，有点认不出这"美妙古老的地球"。这种美感，很多人都有，无意识而已，他们看地球的眼光突然不同于以往。对此英国天文学家弗雷德·霍伊尔（Fred Hoyle）早有预感，1948年他写道："如果有一张地球照片，是从外部拍摄的……那么，一种全新的想法便蔓延开来，它会是划时代的，这在过去曾经发生过。"可是，现实变化得太快，在我们生活的时代，再非同寻常的事件和影像，瞬间就被切换、被遗忘。换言之，任何事物，我们都不会感到惊奇，我们再也无法将"惊奇"二字塞入大脑。

最后一个问题，登月给科学留下了什么？"阿波罗"计划最初并非科研项目。一位研究过月球标本的德国宇宙化学家认为，科学研究是"后来顺势而为"，这不无道理。来自月球不同区域近400公斤的岩石和土壤样品被带回地球，在月球表面6个地方架起的科学仪器，长年累月向地球传送数据。哈罗德·尤里声称，给他一小块月球样品，他能解释清楚太阳系的起源，这话说得草率，肯定有水分。但是过去就月亮的起源问题有3个理论，现在天文学家相信已经找到了更具说服力的假设：在星系形成过程中，天体撞击原始地球，抛射到地球轨道上的物质逐渐聚集形成了月球。

第十章 ———————— 早期的空间站

　　美国在20世纪60年代心无旁骛地实施"阿波罗"计划。而苏联在载人航天飞行领域做了两手准备：一方面准备载人登月，但不了了之，原因前文已述；另一方面积极筹备建造空间站，以便航天员能较长时间停留在太空，执行科学和军事研究任务，这个项目筹划已久。

"礼炮号"空间站，太空工作室

　　美国"阿波罗14号"飞船登月后才几个月，1971年4月19日，拜科努尔发射中心，一种名为"礼炮号"（Salut）的新式航天飞行器成功发射。这个项目计划发射7座空间站，将决定苏联未来若干年载人航天飞行的走势。直到20年后，该项目才画上句号。

　　航天员以接力的方式进驻空间站，"联盟号"飞船负责运送人员。"礼炮1号"在和飞船对接时，结合体总重量达25吨，长20米，内部空间约100立方米。巨型太阳能电池板提供电力。空间站的5位航天员主要进行医学和生物学研究，以及地球勘探。空间站还有一个熔炉，用于生产半导体晶体。专家认为，空间站独特的优势在于，航天员能停留较长时间，利用真空和失重的环境，开发新工艺和新材料。而"礼炮3号"（Salut-Station 3）的建造和航天员的挑选，则有执行军事任务之嫌。

飞船的交会对接技术是空间站遭遇的技术难题，美国已经熟练掌握这一技术，而苏联还需时间学习。这导致在1977年前，前5座"礼炮号"空间站的实际载人运营时间未能达到预期。此外，根据已公布的消息，"礼炮1号"的航天员在返回地面时遇难。

1977年9月，技术升级的"礼炮6号"进入地球轨道，它有两个对接口，除接待"联盟号"飞船外，还可与"进步号"货运飞船对接，为长期驻站的航天员补给生活必需品和燃料，在完成任务后，它与空间站分离，携带垃圾，返回大气层时烧毁。

基于国际宇宙计划（Interkosmos-Programm），苏联盟国第一次有机会参与太空飞行。除了固定的机组人员，邻国宇航员逐渐参与其中，此外，古巴、越南和蒙古也各有一名宇航员借机进入太空。但第三位受邀参加该计划的则是原民主德国的西格蒙德·雅恩（Sigmund Jähn），他1937年出生于福格特兰，1978年8月成为德意志第一个宇航员。

"礼炮7号"意味着这个系列进入尾声，它隶属第三代空间站，但仅此一个，时值苏联酝酿一个更大的项目。这次进站的有法国人朗-卢·克雷迪安（Jean-Loup Chretien）——

来自西方国家的宇航员，印度人拉科什·沙尔马（Rakesh Sharma）——来自不结盟国家的宇航员。尽管这些空间站建立之初便历经磨难，但在运营的十几年中，多批次宇航员进站工作，还创下太空连续飞行237天的纪录。

美国"天空实验室"

美国将"阿波罗"计划的剩余产品用来建造空间站。"阿波罗"登月计划由10次缩减为7次，剩下的几个指令舱和"土星5号"运载火箭便有了用武之地。

"土星5号"是登月飞船的运载火箭，具有推动力强劲、有效载荷大的特点。飞船的第三级舱被改装成重达90多吨的空间站，美其名曰"天空实验室"（Skylab）。它全长36米，最大直径6.7米，可提供360立方米的工作场所，宛如一栋独立住宅，非常舒适。飞行轨道高度在420～440公里。

1973年5月14日，"天空实验室"发射，此后9个月，9人分3批次乘坐"阿波罗"飞船进入实验室。他们曾创下连续工作84天的历史纪录，多次在舱外进行太空作业，时间超过34小时。

"天空实验室"差点出师不利。发射时的剧烈震动导致不久后微流星及阳光防护罩部分受损，站内温度急剧上升，超过了人的承受范围。先期抵达的第一批宇航员用一顶遮阳帆挡住阳光，问题得以解决。通过长时间的站外作业，另一个故障也被清除：实验室指令长查尔斯·康拉德展开一个被卡住的太阳能电池板，另一个则被损坏了。

"天空实验室"规模之大，在地球上凭肉眼就能看见。在德国，一早一晚，能看见它在轨道上由西往东运行。宇航员生活、工作在实验室，感觉非常舒适，这和以前从事航天活动时相比，有云泥之别。工作舱是实验室的核心区域，被隔成两层，里面既有实验设备，开关控制台，也有宇航员生活和睡觉的场所。淋浴装置和卫生设施的配置，足以说明其舒适性，这在以前无法想象。饮食方面，以前的宇航员只有羡慕的份，食物品种多样，冷冻的、脱水的、烘干的，还有专用烹饪设备。除了汤，炒鸡蛋，还有浇汁火鸡、肉排、鸡尾酒虾等特色菜和威化饼干。咖啡、茶和各种果汁是每日标配。

"天空实验室"进行各种科学实验。为了将来能够长期驻站，必须了解失重对人体机能和骨骼的影响。几位宇航员也遭受太空病的困扰，但实验室取得的成果仍得到专家的充分肯定。生物学项目以蜘蛛、鱼为观察对象，研究它们在失重环境下的行为特征。拍摄大量太阳、科胡特克（Kohoutek）彗星和其他星体的照片，还有观测地球这一特别任务。宇航员带回地球的材料如此之多，足够科学家研究数年。

"天空实验室"运行轨道高度随着时间的推移逐渐降低，进入高层大气层，美国宇航局因此不再运送宇航员进站。鉴于

"天空实验室"体积、重量太大，1979年7月，出现传闻，称它可能坠落到人口稠密区，这引发恐慌。最后，这个被送入地球轨道的最大飞行器穿过厚厚的大气层，在澳大利亚上空解体并烧毁，一切终于尘埃落定。

和竞争对手对接

　　东西方太空飞行的某些观察人士嗤其为广告噱头，甚至于哗众取宠的滑稽表演，但事实上却是非常成功的航天飞行试验：1975年7月，美苏两国宇航员首次在地球轨道会面。

　　这个试验项目20世纪60年代末开始谋划，1972年又签署了协议。1975年7月15日，"联盟号"飞船和"阿波罗号"飞船分别在拜科努尔发射场和卡纳维拉尔角发射场升空，两天后，两艘飞船在220公里高的轨道上对接，几个小时后，"阿波罗"飞船上的连接通道被打开，双方将一起围绕地球飞行4天时间。两国宇航员互致问候，电视直播见证了这一时刻，双方又交换礼物，相互换乘。三名美国宇航员和两名苏联航天员此前上过相关语言课程，并在训练时就认识了。苏联飞船指令长是经验丰富的阿列克谢·列昂诺夫（Alexei Leonow），10年前第一个太空行走者。美国飞船指令长是德克·斯莱顿（Deke Slayton），美国60年代第一批宇航员，由于健康原因曾不得不放弃太空飞行。

　　这次联合行动并非只是例行公事，它象征美苏多年的太空竞赛将要终结；这是真正的航天合作，计划中的35项试验就是有力的证明，其中一部分由两国宇航员共同完成。试验重点是天文观察、医学、生物学和材料学研究以及探测地球。对科学研究任务建言献策的，不仅有美国的大学和研究院、苏联科学院，还有位于慕尼黑的德国马克斯-普朗克生物化学研究所和法兰克福大学。

　　美苏联合航天，除了科学研究，还另有深意：一旦宇航员陷入困境，需要救助，各国携手互助。"阿波罗13号"飞船失事时，苏联总理柯西金对美国总统表示，愿意参加救援行动。美苏联合航天只是小概率事件，还要等待20年，才会有下一次联合行动：1995年6月，美国"亚特兰蒂斯号"（Atlantis）航天飞机和俄罗斯"和平号"（Mir）空间站对接。

第十一章 ——— 欧洲不愿袖手旁观

　　欧洲，尤其是德国，一直为实现进入太空的梦想而努力。可以想象，欧洲各国，单枪匹马根本无法抗衡美苏两个超级大国的经济和技术实力。显然，欧洲必须协同行动，共同制订计划和研发。1962年，欧洲发射器发展组织（ELDO）就宣告成立，成员国包括欧洲6国和澳大利亚。在苏联第一颗人造卫星"伴侣号"发射5年后，该组织致力于独立自主地研发欧洲运载火箭。

　　两年后，欧洲太空研究组织（ESRO）成立，创始成员国达10个。其任务是太空研究，协同开发科研试验卫星和应用卫星。1975年，两大组织合并，成立了欧洲航天局。欧洲航天局总部设在巴黎，下属机构主要有设在荷兰诺德韦克的欧洲空间技术研究中心（ESTEC），设在德国达姆施塔特的欧洲空间运行操作中心和设在意大利罗马的欧洲空间信息检索中心（ESRIN）。此外，各国还成立独立的研究机构，如法国空间研究中心（CNES），联邦德国航空航天研究院（DFVLR）[现称德国宇航中心（DLR）]。

从"欧罗巴"到"阿丽亚娜"

　　很显然，欧洲希望独立研发火箭、发射卫星和探测器，摆

脱对美国的依赖，但欧洲发射器发展组织的种种努力未见
成效。

在澳大利亚乌美拉附近，一块试验区被选为发射场，从
1964年至1970年，所谓"欧罗巴"火箭（Europa-Rakete）在
这里测试，预计它能将1000公斤有效载荷送入500公里高的轨
道。火箭长约32米，英法德三国各提供第一、第二、第三级
燃料。火箭先后试验10次，无一成功，不由得让人想起美国
最初进行火箭试验时遭受的种种失利。但"欧罗巴"发射失败
的主因，是组织和协调工作的混乱不堪，技术问题倒在其次，
它被戏称为"欧洲瘸腿火箭"，并不冤枉。

即便更换发射场，用法属圭亚那取代乌美拉，也未能即刻
转运。在卡宴北面，紧挨南美洲原始森林的库鲁（Kourou），
火箭发射的基础设施建造完毕，此处靠近赤道，发射条件得天
独厚。1971年11月，改良版的"欧罗巴2号"（Europa 2）火箭
的发射仍然以失败收场，宣告了这个项目的终结及新型运载火
箭研发的开始。

"阿丽亚娜"，火箭家族新成员，在短短几年内，技术和商
业开发大获成功，成为欧洲航天局得意之作。1979年平安夜，
48米高的"阿丽亚娜1号"（Ariane 1）首次发射便取得成功，
但随后遭遇几次失败，酬载能力也有所下降。1980年开始，火
箭的发射和市场开发由阿丽亚娜空间公司（Arianespace）负责，
这是一间私营股份公司，股东包括银行、德国空间技术公司和

法国空间研究中心。

"阿丽亚娜1号"运载能力不足，运送至地球同步轨道的有效载荷不到1800公斤。"阿丽亚娜2号"（Ariane 2）和"阿丽亚娜3号"（Ariane 3）有所改善，推力增强，有效载荷达2700公斤。

"阿丽亚娜4号"（Ariane 4）终于大获成功，它拥有6种变异形体，可以装载数枚固体或液体火箭助推器，最大酬载能力4700公斤。1990年1月首次发射的"阿丽亚娜"新型号，将服役若干年，主要运载通信卫星。预计每年发射次数逐步达到12次，每次发射耗资约1800万马克，视具体任务情况，还可以同时运载多颗卫星。

"阿丽亚娜5号"（Ariane 5）是这个家族的最新成员，全新设计，捆绑式两级，重725吨，目前有效载荷6800公斤，未来将达到12000公斤。它不仅承担运载卫星的任务，还将成为国际空间站（Internationale Raumstation）的运输工具。它的研发成本高达120亿马克，法国出资最多，占46%，德国占22%，意大利占15%。1996年6月初，"阿丽亚娜5号"首次测试发射，由于控制火箭飞行的软件发生故障，火箭升空41秒后自毁，库鲁发射场现场员工和参与火箭建造的企业都感到万分失望。

此前，欧洲在航天商业运输领域颇为成功，它担心发射失败带来的负面影响短期难以消除，这事出有因，毕竟在和美国、苏联、中国的竞争中，它的市场份额占到全球的50%以上。早在1996年，阿丽亚娜空间公司的销售额就达18.5亿马克，实现利润4000万马克。17个月后，1997年10月底，"阿丽亚娜5号"第二次发射成功，搭载了一颗科研实验卫星和两个作业平台。

高偏心率轨道卫星、"交响乐号"通信卫星和"太阳神号"探测器

　　欧洲国家无论是单干，还是联合，面对两个超级大国不惜耗费巨资上马各种项目，都难以匹敌，尤其在载人航天领域。因此，欧洲必须从小项目入手，让新技术为我所用。应用卫星就是很好的突破口，比如气象卫星系列，自1977年以来，它大大提高了天气预报的准确率。科研实验卫星和探测器同样表现出色，下面三个例子可见一斑。

　　1968年和1972年，欧洲太空研究组织的两颗高偏心率轨道卫星被送入400～230000公里高的轨道。卫星呈圆柱形，重约100公斤，欧洲不具备发射能力，只能借助美国火箭将卫星送入太空。在随后的若干年，携带测量仪的卫星一直监测磁层顶、太阳风和地球磁场。

　　德法成功合作的典范，当数1974年至1984年间两国联合研制的两颗"交响乐号"（Symphonie）实验通信卫星，借此欧洲迈出开发商业通信卫星的第一步，若干年后依托欧洲通信卫星公司（Eutelsat），商业开发如火如荼。但最初美国还处于垄断地位，在发射这两颗卫星时美国提出附加条件，只能用于实验，不得有商业用途。毫无疑问，这个实验项目大获成功，20个国家的50个卫星地面接收站参与实验，包括中国、印度、伊朗、阿拉伯国家、非洲国家、加拿大和南美国家。除了传输电话和电视信号，还对欧美设备进行计算机联网测试。应联合国教科文组织（UNESCO）的要求，在该组织的第十九届大会上，"交响乐号"卫星将其总部巴黎和会议中心肯尼亚的内罗毕连接在一起。

　　另一个类似的项目是德美合作的"太阳神号"探测器，不载人航天飞行最成功的项目之一。1974年12月，"太阳神1号"（Helios 1）在卡纳维拉尔角发射场升空，飞往太阳系的中心，3个月后，"太阳神2号"（Helios 2）紧随其后。早在1966年，德国总理路德维希·艾哈德（Ludwig Erhard）和美国总统林登·B.约翰逊（Lyndon B. Johnson）就该项目达成协议。这两颗姊妹探测器呈哑铃状，末端直径2.7米，含天线高4.2米，单个探测器重370公斤，其中实验用品74公斤，超过14000块太阳能电池为测量仪器和数据传输提供动力。探测器预期工作时间18个月，实际远远超出。1984年，德国和美国的科学家、企业管理者和政界人士齐集慕尼黑，庆祝"太阳神号"探测器发射10周年，此时"太阳神A"（Helios A）还在传输数据。

在这个合作项目中，德国不仅研发建造探测器，还具体实施探测任务。探测器升空后，美国的帕萨迪纳喷气与推进实验室和位于上普法芬霍芬的德国宇航中心控制中心，先后负责监控飞行过程。

"太阳神号"探测器发射后进入椭圆形轨道，比以前所有空间探测器都更接近太阳，它穿行于金星和水星轨道上，速度最快时达到每小时24万公里，距离太阳最近时为4600万公里，约为日地平均距离的三分之一。半年时间，"太阳神号"探测器在环日轨道上运行一周，最初计划运行3周，实际运行时间超过10年，正好可以获取太阳活动周期的数据，一个周期大约11年。天文学家很早就开始研究太阳活动周期对地球产生的影响。太阳表面发生的强烈爆炸和爆发，从地球上看，类似出现黑斑的光学现象。太阳活动在周期内变化剧烈，对地球产生相应的影响。得益于"太阳神号"探测器，现在我们对太阳风有了更多的了解，它以每秒300～1000公里的速度运行在行星际空间，粒子流带有大量能量，它要么源自太阳，要么源自宇宙深处的其他星体。此外，对陨石的认识也更进一步。在行星际空间，不断有陨石飞向太阳，宛如一幅马赛克图画不断被嵌入石材，图画的核心是太阳、太阳特性和它对地球的影响。"太阳神号"项目耗资7.8亿马克，德国出资大部分，但专家认为这笔投入物有所值。

探访哈雷彗星

　　1301年，世人驻足观天，欣赏空中奇异景象，其中或许就有意大利画家乔托·迪·邦多纳（Giotto di Bondone）。不然，他就不会在几年后创作一幅主题为三博士来朝的壁画：在伯利恒，耶稣诞生之地，牛棚上方，天空呈现的不是日日所见的星辰，而是一道拖着长长尾巴的奇异亮光。这就是那颗彗星，多年后以英国天文学家埃德蒙德·哈雷（Edmund Halley）的名字命名，每隔76年，它沿着巨大的椭圆形轨道造访地球一次。于是，在它又一次回归的1986年，一颗彗星探测器前往迎接，它被命名为"乔托号"，以纪念这位画家。

　　1910年，哈雷彗星回归，引发巨大恐慌，世界末日的说法让很多人惶惶不可终日。以前，天文学家用天文望远镜观察彗星，航天技术的发展让他们有了近距离观察的机会。1984年和1985年发射的彗星探测器足以组成一个小小的舰队：苏联两颗探测器携带各种科学仪器，分别到达距离彗星3000公里及10000公里的地方；相比之下，日本的两颗探测器运行轨道距彗星更远；美国也发射了一颗探测器。这个舰队的旗舰，非"乔托号"莫属，它由欧洲空间局（ESA）出资并研发，德国联邦研究技术部也贡献巨大。"乔托号"将像日本的"神风"特攻队，冒险飞行至距哈雷彗核500公里处。1985年7月2日，"阿丽亚娜"运载火箭搭载"乔托号"发射升空，它携带约60公斤重的11种科学仪器，德国马克斯-普朗克研究所（Max-Planck-Institute）和科隆大学提交了4项实验任务。新型远距离摄像机堪称仪器中的精品，摄影专家和爱好者对它拍摄的图像充满期待。地球和彗星之间最近距离也达到1.45亿公里，摄像机无法依靠地球上发出的信号来控制，它必须以彗核的亮度为参照自动校准方向。

探测器在和彗星近距离交会时，可能会遭到高速尘埃微粒的破坏，导致任务失败。为防不测，探测器前端外壳实施了双重保护，即便和直径5毫米的尘埃微粒发生碰撞，其功能也不会受损。

1986年3月13日至14日夜间，"乔托号"探测器高速接近目标，众人担心的事情真发生了。在距离彗核约1600公里时，由于尘埃微粒的碰撞，"乔托号"发生旋转，与位于达姆施塔特的欧洲太空控制中心的通信中断，半小时后，通信才恢复。

尽管发生意外，但"乔托号"探测器还是完成了任务，因为碰撞并没有改变它运行的路线。但丢失了3件设备，其中就有摄像机，此前它拍摄了2000多张照片，由此可以精确测量彗核的形状和大小。彗核呈长条形，大小为8公里×8公里×16公里。它每秒向四周释放200吨的气体和尘埃，经分析，主要成分为氧、氮、氢和二氧化碳。

"乔托号"探测器是欧洲航天成果的代表作，值得称道。它表明，在探索宇宙的活动中，欧洲有能力完成难度极大的航天任务，可以和两大超级大国抗衡。欧洲其他科研卫星和探测器同样表现不凡，具体详情不一一赘述，只提一下它们的名字：欧洲"X射线"（Exosat）天文卫星、"依巴谷"（Hipparcos）卫星、"伦琴"（Rosat）卫星、"尤利西斯号"（Ulysses）探测器和"惠更斯号"（Huygens）探测器。这些航天器极少引发轰动性效应，主要参与方有德国宇航中心、马克斯－普朗克研究所、德国高校和工业企业。

第十二章 ———— 直到太阳系边缘

几十年来，专家一直在讨论，载人和不载人航天飞行能否有更大的作为，取得更大的成绩。在这个问题上，经济因素扮演着重要角色。一方认为，宇宙飞船和空间站耗资巨大，但投入产出不成比例，而遥控卫星和探测器的花费无疑少得多；另一方则认为，在航天领域，人的创造力、决断力和操作能力，在未来很长时间，机器都无法取代。

毫无疑问，在迄今短短的航天飞行史上，无人探测器为探索太空做出了重要贡献，拓宽并改变了我们对宇宙家园的认识。为此，必须要回顾一下，在20世纪70年代中期，探测器如何各显神通。

"火星"探测器，生日礼物

很长一段时间，苏联一直很低调，不会像纪念"十月革命"胜利那样，大张旗鼓地举办航天大事纪念活动。1976年，对于美国而言，也是特殊的一年，值得好好回味，并以一场航天首秀以示纪念：1976年7月，美国宣布独立200周年。

美国科学家和技术人员谋划多时的计划就要实施了："海盗号"姊妹探测器将向火星进发，最终登陆火星，以期对火星有更深入全面的认识。探测火星并不局限于美国纪念日这一天，火星和地球沿不同轨道围绕太阳运行，20世纪70年代，它们正处于适合探索的绝佳方位。1975年8月20日和9月9日，两颗"海盗号"探测器先后发射升空。探测器重3.4吨，分为轨道器和着陆器，前者围绕火星运行，后者在火星表面软着陆。

火星着陆点的选择参照以前拍摄的火星照片，但进一步的勘探表明，所选的点并不理想。必须寻找新的着陆点，登陆火星时间也就被迫推迟，这意味着，为确保安全，1976年7月4日美国国庆日这天是无法着陆了。最终，"海盗1号"（Viking 1）于7月20日登陆火星表面，这也是一个值得纪念的日子：7年前，两位美国人首次登月。

"海盗2号"（Viking 2）于1976年9月3日到达目的地，着陆飞行主要依靠自动驾驶，因为地球和探测器之间的距离超过3.4亿公里，无线电通信耗时近20分钟。在火星上方18000公里的高空，轨道器分离，着陆器下降。3小时后，着陆器进入火星大气层，飞行速度由每秒4600米下降到每秒300米。在6000米高度，降落伞自动打开，着陆器继续减速，最后借助动力装置在火星软着陆。

有一个问题天文研究者特别感兴趣，也希望得到解答，简单说来就是：其他星球上有（过）水吗，可能存在生命吗？着陆器上除了两台电视摄像机，用于分析火星大气层和表面物质的光谱仪、风速表和地震仪，还携带探测生命的试验设备。尽管有很多新发现，比如火星土壤里的化学元素，也取得很多可供专家长期研讨的成果，但火星上是否有生命存在，始终是个谜。

即便没有找到答案，"海盗号"计划依然很成功，不要忘了，轨道器向地球传回了5万多张照片。在1500公里的高空，它以80公里×80公里的幅宽拍摄火星表面，分辨率高达40米。

太空马拉松

科幻作家的想象力有时滞后于现实，美国两颗行星际探测器便是绝好的例子，它们被称为"旅行者号"（Voyager），可谓恰如其分，"旅行者号"代表着当时日臻完善的航天技术。

在"旅行者号"飞向远地行星之前，"先驱者10号"（Pioneer 10）和"先驱者11号"（Pioneer 11）探测器作为开路先锋，首次越过火星和木星轨道之间布满碎片的小行星带，飞向土星。

木星和土星早已成为天文学家和天文爱好者心仪的研究对象，在这期间，天文望远镜技术近乎完美，但这两颗行星太过遥远，从地球上观察，鞭长莫及，至于天王星和海王星，更不用谈。天文学家和天体物理学家都知道，必须借助刚刚起步的航天技术来探测这些远地行星。但这个太空马拉松却面临时间压力，70年代后半段，是探测的绝佳时机，约175年才等来一回。

　　就像"海盗号"探测器，为此次太空马拉松开发了820公斤重的"旅行者号"姊妹探测器，外号"大萨拉盘"，直径3.6米，设备支架向外伸展，还带有天线。全新的设计，却只基于以往的太空飞行经验。隔热、数据传送、机载计算机、电视摄像机、核能供电和防辐射电子仪器，都是过去经验与智慧的结晶。

　　1977年8月20号，"旅行者2号"（Voyager 2）首先发射，15天后"旅行者1号"（Voyager 1）紧随其后。"旅行者1号"选择了一条便捷路线飞向木星，以便为"旅行者2号"开路。这段旅程冒着怎样的危险，技术风险又有多大，只要回顾一下"旅行者2号"12年的飞行轨迹，便一目了然。

> 1977年8月20日：卡纳维拉尔角发射场发射
>
> 1979年7月9日：到达木星附近
>
> 1981年8月25日：拜访土星
>
> 1986年1月24日：掠过天王星
>
> 1989年8月24日：到达海王星附近

　　"先驱者号"首次使用、现在屡试不爽的一项技术，名为重力助推。它利用天体引力加速飞行器，同时改变飞行器轨道。加利福尼亚帕萨迪纳喷气推进实验室的科学家对此做出巨大贡献，令人钦佩，尤其是他们解决了探测器遇到的几个故障，比如无线电接收机失灵，探测器上的拍摄平台被卡住。"旅行者2号"飞行达70亿公里时，路线偏差只有32公里，比预定时间晚了不到两秒。

从来自太阳系深处的海量数据和数万张的照片中，人类获得了丰硕的研究成果，意义非凡，惊喜不断。探测器发出的信号到达地球需要4个多小时，最后变得极其微弱，要接收到必须使用射电望远镜，它大大改变了我们一直以来对远地行星和其卫星的认识。木星也有环，这是一个新发现。在卫星艾奥上发现了几座活火山，其他三大卫星的表面结构从照片上竟也能看得清。土星环并非像所设想的那样逐层划分，它结构复杂，千姿百态，看上去像唱片一圈圈的螺旋纹路。此外，在土星附近还发现了两颗新卫星。土星最大的卫星泰坦有一层大气层，这一发现给人无限的遐想空间。探测器从距离天王星80000公里处掠过时，发现了10个一直未知的卫星。最后是海王星，"旅行者2号"曾到达其云层顶部5000公里高处。海王星有大气涡旋和一个大黑斑，这和木星类似。

当这两颗探测器离开太阳系，将成为"退休一族"进入浩瀚无边的宇宙，数千年之后归属其他星系。聪明的宇宙生物学家未雨绸缪，给它们准备了一张声像片和播放设备，以期有一天遇上外星智慧生物。只要外星智慧生物懂得如何播放这张声像片，就能对我们的地球有所了解，比如，火山爆发和船舶鸣笛的声音什么样。他们听贝多芬的音乐，看小孩、猩猩、超市和自然风景的照片。此外，还有55种语言的问候，其中包括德语的。谁要是指望这个奇特的"漂流瓶"带回消息，难免大失所望。

纪念伽利略·伽利莱

"我不知道该说什么，一切都是那么出人意料，新奇无比。"据说这是意大利天文学家伽利略·伽利莱（Galileo Galilei）有感而发。400年前，他将简陋的天文望远镜对准太空，发现了围绕木星运行的4颗卫星：艾奥、欧罗巴、卡里斯托——借用希腊神话人物宙斯情人的名字，和加尼美得——希腊神话中负责倒酒的侍童的名字。为纪念伽利略发现木星卫星，一颗探测木星和它周围空间的航天器被命名为"伽利略号"，它将巩固拓展"先驱者号"和"旅行者号"探测器已取得的研究成果，比以往任何一次更近距离地观察四大卫星。

1977年，美国宇航局官员和德国研究部部长就此项目达成合作协议，戴姆勒-奔驰宇航公司提供驱动系统，还有部分科研设备也来自德国，马克斯-普朗克研究所和德国高校参与各种实验。

"伽利略号"探测器最初计划于1982年初发射，后因种种不利因素，推后7年多时间。1989年10月，可重复利用的航天飞机终于将"伽利略号"送入太空，航天发射史上首次没有采用传统的火箭。利用一枚小型推进器，"伽利略号"离开"亚特兰蒂斯号"航天飞机的有效载荷舱，踏上飞往木星的征途。重力助推技术的可行性在过往航天飞行中已经得到证明，当"伽利略号"掠过金星以及两次飞越地球时，该技术助其加速。但这样一来，飞行时间由两年半延长到6年，飞行距离达40亿公里，是地月距离的1万倍。

行动过程中的一个突发故障几乎毁了整个计划。加利福尼亚地面控制站向"伽利略号"发出无线电指令，要求打开主天线，但指令失效，天线并未展开。专家担心，数据传送和地面接收不能正常进行。借助一根小点的天线，问题得以解决，但传送速度大大降低。

发射2.2吨的"伽利略号"探测器有两个目的：其一，轨道器作为主载体，围绕木星飞行，并飞抵距木星4颗大卫星200公里处，拍摄分辨率精确到米的照片；其二，340公斤的微型探测器与轨道器分离，深入木星大气层。这两个目标定得很高，但都实现了，再次展现了当时航天技术的高水平。

在飞往木星的途中，还拍到了小行星加斯普拉和伊达的照片，它们和无数的天体碎片一起，构成了火星和木星轨道之间的小行星带。1994年7月，发生了一件始料不及前所未有的宇宙事件，"苏梅克－列维号"（Shoemaker-Levy）彗星撞击木星。"伽利略号"探测器从远处对撞击事件进行了观测。距飞抵木星还剩6个月时，微型探测器被释放出来单独前往目的地，最后阶段令人既紧张又兴奋，此前从未有过探测器进入木星大气层。在降落过程中，微型探测器飞行速度由每秒50公里降为每秒300米，其外壳与大气发生摩擦，温度升至16000℃。即便在这种条件下还是有所收获：这个气态行星表面覆盖厚厚的云层，在主要由氢和氦构成的大气层中爆发强风暴。1小时后，探测器不出所料被强气压摧毁，探测活动结束。

轨道器工作时间远超预期，传回大量可供全球天文学家长期研究的木卫的数据和照片，这些卫星运行在40万～190万公里高的轨道上。此前"旅行者号"探测器发现，卫星艾奥上面有活火山，但现在能精确描述其位置、规模和强度。太阳系最活跃的卫星就是艾奥，共有100多座火山，超常的活跃性主要归因于木星引发的潮汐力，在其作用下，艾奥表面上升或下降，导致其内部保持极高的温度。卫星欧罗巴表面沟壑纵横，卫星加尼美得内部结构充分分化，两者都覆盖着几百公里厚的冰层。卫星卡里斯托和月球有点类似，都有山脉和撞击坑。

除了"伽利略号"卫星照片，轨道器还拍摄到4颗木星内侧卫星的照片。木星和16颗卫星构成的木星系，就像迷你版的太阳系，这个说法不无道理。

小小漫游车

自"阿波罗"登月之后，再没有哪个项目像火星"探路者号"（Pathfinder）这样引人关注。"海盗号"计划实施21年后，"探路者号"探测器再次启程前往火星。"探路者号"耗资1.7亿美元，与"海盗号"动辄数倍于此的投入相比，投入产出比高出一筹。"探路者号"历经7个月飞行，于1997年7月4日美国独立日这天登陆火星表面。

着陆点选在被山环绕的名为阿瑞斯谷（Ares Vallis）的干涸河床，通过研究这片区域，有望深入了解火星历史。着陆时利用4个大气囊来减速，这方法既新鲜又独特。"探路者号"撞地后像网球一样又弹起15米高，随后在地上弹跳多次才完全停稳。探测器信号首次穿越1.9亿公里的距离，传回地球。在加利福尼亚的喷气推进实验室里，掌声欢呼声响成一片，仿佛人类首次登上了火星。全世界的天文专家和爱好者盯着电视和网络，等待着下一步：索杰纳（Sojourner）漫游车驶上布满石头的火星表面。漫游车重不到11公斤，大小为60厘米×50厘米×30厘米，装有电视摄像机和其他设备，其正面的太阳能电池板提供能量。地面指挥中心遥控6轮漫游车在着陆点附近的砾石面上行驶，最大速度为每小时60厘米。地球和漫游车之间无线电信号传送耗时10分钟，因此漫游车额外携带一台计算机，负责障碍识别和线路选择。即便理性如科学家，获得新发现，也喜不自禁，于是，漫游车上的摄像机拍下的有趣岩石，就被他们命名为刺猬、河马、沙发，或者借用漫画里熊的名字瑜伽熊。

就像"伽利略号"探测器,"探路者"项目也有德国科学家的贡献。安装在漫游车桅杆上、向地球传送照片的全景照相机,就来自马克斯-普朗克高层大气科学研究所,该相机在探测哈雷彗星时表现就很出色。分析火星岩石的光谱仪则来自位于美因茨的马克斯-普朗克化学研究所。为纪念刚刚去世的美国天文学家卡尔·萨根(Carl Sagan),火星"探路者号"也被重新命名为卡尔·萨根纪念站。

火星的秋天来临,温度零下50℃,"探路者号"的使命随着4个月时间的流逝也就结束了。即便如此,探测器和漫游车工作时间远超预期,成果之丰硕,令专家"无法描述"。探测器携带的相关设备收集火星上天气、温度、压力和风速等数据,漫游车则探测火星表面的化学成分和岩石构成情况。在火星上发现了硅石、石英和长石,火星和地球具有相似点的猜测得到了印证。通过分析数千张照片,包括漫游车上的照相机拍摄的500多张,对火星的认识会更加深入,有助于载人火星飞行准备的工作。

"探路者号"获得成功,但另外两颗探测器的失败则令人扼腕,导致1999年美国宇航局遭受重创。由于导航失误,用来深入研究火星气候的火星气候"探测者号"可能发生坠落,并撞毁在火星表面。几个月后,另一颗在火星上寻找水的探测器也失去联络。随后,美国宇航局也出于成本的考虑,被迫取消另一颗火星探测器原定于2001年发射的计划。直到2003年,美国宇航局才有新动作，主要是地球火星所处空间方位特别适于进行探测活动。具体而言，要进一步研发索杰纳漫游车，使其速度达到90天行驶100米，并向地球传回照片。

不管是"海盗号""旅行者号""伽利略号"还是"探路者号"探测器，它们深入太阳系，探索未知领域，其科学价值之高，过程之跌宕起伏，都是航天史之最，丝毫不亚于极具轰动效应的"阿波罗"登月。但是，进入宇宙新领域的是人，还是受遥控的探测器，意义还是不同。

第十三章 ——— 往返于地球和太空之间

　　载人航天飞行始终不温不火，除了苏联偶尔发射"礼炮号"空间站，成功与否还很难说。沉寂多时之后，20世纪80年代，东西方载人航天飞行又传捷报，但两大航天巨头各行其道，苏联建造了空间站，得偿所愿，美国则首先瞄准可重复使用的航天交通系统，与一次性的传统火箭相比，它具有低成本的优势。

美国航天飞机

　　其时航天工程师必定大为恼火，运送有效载荷至地球轨道的火箭越造越大，但发射完后基本废弃了。1972年，"阿波罗"计划还在实施，美国就决定研制航天飞机，它发射像火箭，返回地面似飞机。早在20世纪30年代，这一设计理念初现雏形，开创者就是出生于奥地利波希米亚的航天天才、先驱者欧根·桑格尔（Eugen Sänger）。

　　在设计之初，美国就发现，整机的重复使用造价昂贵，并不划算，只好采取折中方案，研发出一个包含三部分的航天交通系统：类似飞机的轨道器、一个燃料外贮箱和两个固体火箭助推器。外贮箱可储存600吨液态氧和100吨液态氢，燃烧完后和轨道器分离，进入大气层解体，两个固体火箭助推器则随降落伞返回地球，找回后可以再用。整套系统长55米，发射时重2040吨，轨道器有效载荷舱长18米，重近30吨。

　　航天飞机可搭载7名宇航员。驾驶员必须系统学习过自然科学或工程技术科学，飞行时间超过1000个小时，随行的任务专家和有效载荷专家都是物理学家或者生物学家，同时还具备气象学、天文学和导航方面的知识。

　　美国为了给航天飞机这一常规项目做准备，于1977年秋天先进行5次测试飞行，一架波音747飞机驮着轨道器上升至7000米左右的高空，随后轨道器和母机一起返回地球，降落在爱德华空军基地。1981年4月12日，延期两天之后，第一架航天飞机发射升空，首次进行24小时轨道飞行。一直到1982年夏天，在首次正式执行任务前，又进行了3次测试，每次各载两名宇航员。为开辟地球和太空之间的航线，美国建造了4架航天飞机，分别是"哥伦比亚号"（Columbia），"挑战者号"（Challenger），"发现号"（Discovery）和"亚特兰蒂斯号"，名称来自美国以前的探险船只。取代火箭，将卫星运送至300～600公里高的地球轨道，这是航天飞机的首要任务；其次，捕获受损的航天器，在轨道上修复，或运回地球再利用。此举可谓用心良苦，想想过去那些损失的航天器，有些可能只是一个小部件失灵，结果造价昂贵的整机报废。为完成任务，一个或多个宇航员必须走出航天飞机，视情形停留太空若干小时。美国宇航局研发建造的美国天空实验室承担大部分科学实验，这另有论述。

美国也效仿苏联，首次允许友国宇航员登机。第一位受邀的外国人是德国人乌尔夫·默博尔德（Ulf Merbold）博士，紧随其后的是来自加拿大、法国和墨西哥的宇航员，沙特阿拉伯王子和两位美国议员也加入其中。其间女宇航员作为驾驶员和有效载荷专家同样登上航天飞机。

1986年1月28日，卡纳维拉尔角发射场，"挑战者号"升空，任务编号STS—25。无论是航天专家还是爱好者，都觉得这次飞行只是例行公事。没有人会想到，这一天会发生美国航天史上最惨重的事故。看台上的观众在悲剧发生后都无法相信这一切："挑战者号"发射升空72秒后，巨大的燃料箱凌空爆炸，火光冲天，浓烟滚滚，碎片纷纷散落地上。7名机组人员全部遇难，其中包括准备在太空授课的美国女老师克里斯塔·麦考利芙（Christina McAuliffe）。经过深入调查，事故原因查明：一个固体火箭助推器密封圈失效，泄漏出的火焰高温波及毗邻的外部燃料舱，点燃舱内700吨的氧和氢燃料。

这次事故导致美国航天飞机项目中断20个月，此外，美国还决定，未来商业航天运输重新启用传统火箭。"挑战者号"事故不可避免地导致越来越多的人批评航天飞机计划，他们质疑在其他飞行任务中，故障频繁发生，发射一再延误。仅在事故发生的几周前，"哥伦比亚号"的发射共推迟7次，让人倍感尴尬的是，美国参议员比尔·尼尔森（Bill Nelson）当时就在机上。

　　按照计划，航天飞机的发射接二连三，间隔短，但由于返回后需要维护，实际发射周期长达几个月。在工业领域，航天飞机的应用也不尽如人意，经济效益未达预期。

　　但不能据此断言，航天飞机项目纯属航天技术发展陷入误区。像哈勃太空望远镜（Hubble-Weltraumteleskop）这样的设备，把它送入太空，维修和保养也在太空，以前几乎不可能，有了航天飞机，这些都已经不在话下。哈勃太空望远镜获取图像，不受地球大气层干扰，浩瀚的银河系，探索范围得到极大的拓展，这在几年前还不敢想象。航天飞机还有其特殊用途，2000年2月，"奋进号"（Endeavour）航天飞机升空，机上新型雷达系统扫描地球，重新制图，还获得大量三维图片，德国宇航员、任务专家格哈德·蒂勒（Gerhard Thiele）就在机上。1998年10月，美国航天第一人约翰·格伦，在首次轨道飞行近37年之后，获准乘坐航天飞机绕地球飞行数天。这次飞行，真是天下奇闻，业已77岁的老人用实际行动证明，爷爷辈的人还能上天揽月。

欧洲太空实验室

　　欧洲空间研究组织成员国在航天领域获得初步成功后，不再满足于建造运营卫星和探测器，而是希望像东西方超级大国那样，把自己的宇航员送上太空，即便规模上略逊一筹。在这方面联邦德国走在前列，堪称表率。受制于经济和技术因素，欧洲必须和美国合作，才能有所建树，对此，无论是航天规划者，还是政治决策者，都无异议。但欧洲航天技术经验奇缺，生产的产品，美国极度不信任，这是难题之一。

1972年底，美国"阿波罗"计划刚刚结束，主管航天的多位部长根据专家建议，决定设计建造太空实验室。实验室就设在美国航天飞机的有效载荷舱内，承担各种科学实验。1973年8月，欧洲空间研究组织和美国宇航局签署相关协议。

德国愿意承担实验室建设的一半费用，最终中标项目管理和安装。于是，欧洲众多航天工程师齐集MBB-ERNO公司所在地不来梅，他们将在此共同奋战数载。为完成这一宏伟项目，欧洲各国群策群力，在威悉河畔组装的配件，就由10个国家的50家生产厂商提供。同时还进行选拔和训练宇航员，他们作为任务专家，承担科学实验的任务，以接替美国和苏联同事，在失重和真空状态下继续完成各种工作。按照规划，实验室既是一个封闭的空间，适宜进行医学、生物学和材料科学的实验，又是一个开放式的平台，可以观测地球和从事天文学研究。

实验室1983年底启用，物理学家伍尔夫·梅尔伯特作为唯一来自联邦德国的宇航员参与其中。在12天的飞行中，他和美国同行一共进行了72项实验，获得专家的一致好评，为两年后即将开展的空间实验室D1任务创造了有利条件，D1任务中涉及实验室的工作由德国负责。在此项任务中，有效载荷专家是德国物理学家雷恩哈德·弗瑞尔（Reinhard Furrer）、恩斯特·梅瑟施米德（Ernst Messerschmid）和来自欧空局的荷兰人维博·奥凯尔斯（Wubbo Ockels）。"挑战者号"航天飞机承担运输任务，任务代号STS—22，正如前文所述，几周后，"挑战者号"不幸失事。航天飞机飞行高度324公里，轨道倾角57°，在德国，能见度极好时，凭肉眼就能看见它从天上飞过。整个项目耗资4.02亿马克，并未超支，最大支出是发射费用，占42%，其次是有效载荷的研发费用。原计划进行75项实验，只有2项因技术问题取消。位于慕尼黑附近的上普法芬霍芬的德国宇航中心地面控制中心负责监控该项目，数据传送至控制中心，项目发起专家和宇航员交换意见，向他们提出建议，发出指示。

　　几乎所有实验都是为了研究太空失重环境的影响，特别是在流体物理、材料研究、生物学和医学领域。飞机在空中做抛物线飞行，仅可产生约25秒时长的失重环境。在失重环境下，既不会有浮力，也不会有下坠力。于是，杯子里的水或香槟不会往上冒泡，容器里的果汁不会产生沉淀；也不会有对流和静液压力，因而水呈球形，不需要容器装。普通人一看到这种现象，充其量觉得有趣，想象不出在地球上有何应用价值。但在很多专家眼里，这暗藏玄机，可用于开发新材料，比如芯片半导体、玻璃、医药。在类似滑道的装置里，宇航员变身"实验小白鼠",以此研究在微重力环境下,直线加速运动时人的前庭系统功能,也就是内耳的平衡功能。研究成果不管是对于载人航天飞行本身,还是对于临床医学,都具有重大意义。

1993年春,科学家宇航员汉斯·威廉·施莱格尔(Hans Wilhelm Schlegel)和乌尔里希·瓦尔特(Ulrich Walter)执行另一项太空实验室任务,属于D1任务的延续。在为期10天的飞行中,他们必须再次证明自己不逊于美国同行,同样能胜任工程师、生物学家、医生和机械师的角色。任务包含92项实验,创造了新纪录。

对欧洲太空实验室的投入获得不菲的回报,但不能否认,该项目谋划多时,实施却一再拖延,预期目的远未达到。在规划阶段,曾有乐观预测,航天飞机发射约550次,太空实验室得以进入太空超过220次,但最后只有22次,欧洲众多参与者大失所望,他们热衷于此项目,以为应用前景广阔。欧洲太空实验室服役15年,共149名宇航员进入实验室,完成实验700多项。目前它已回到"出生地"不来梅,工程师和科学家可以前往不来梅机场,和它来个亲密接触。

俄罗斯"和平号"空间站

建筑营运空间站是苏联所有项目中的重中之重,这有迹可循,早在70年代初期,"礼炮号"小型空间站就进入地球轨道。

继续开发空间站展现了苏联的雄心壮志，这也是与美国登月伟绩分庭抗礼的利器，有望长期维护苏联自身的尊严。具体计划在300～400公里高空建站，在轨营运5年以上，始终有人交替在岗，不像太空实验室只使用数天而已。

1986年2月，在拜科努尔发射场，"质子号"（Proton-Rakete）运载火箭将空间站核心舱段送入太空，该舱段长13米，重20吨。到1996年，剩余5个舱段安装完毕，空间站建设完成。空间站是当时人类历史上最大的航天器，取名"和平号"，体现了时代精神和俄罗斯民族特征。"和平号"连接的主要用于实验的舱段分别称为"量子号"（Kvant）、"晶体号"（Kristall）、"光谱号"（Spektr）和"自然号"（Priroda）。"联盟号"飞船和"进步号"货运飞船驾轻就熟，往返于地球和空间站之间，负责运送航天员和材料补给，它们与空间站主体或者"量子号"舱段对接，组合体长达35米，宽30米，重130吨。

"和平号"空间站计划运营5年，实际14年，共有30多批次人员进站工作。所做实验和美国的航天飞机项目，尤其是欧洲的太空实验室项目类似，也就是利用微重力环境，从事医学、生物学和材料学科研，观测地球，以及开展天文物理研究。驻站人员的生活安排如下：

　　8点起床，
　　查看空间站，

　　上卫生间，

　　9点至9点40分早餐，

　　随后工作训练，

　　14点至15点午餐，

　　继续工作训练，远程通信，

　　19点至20点晚餐，

　　准备第二天的工作计划，

　　21点半至23点休闲时间，

　　23点至第二天8点睡觉。

　　遇特殊情况灵活安排，比如遭遇陨石袭击，必须24小时待命。

　　冷战时期，航天领域充满竞争色彩，但到了90年代，美国和欧洲宇航员也登上并使用俄罗斯空间站，竞争观念发生重大转变。1995年至1998年，美国宇航员9次乘坐航天飞机与专用对接舱对接，造访空间站。克劳斯·迪特·弗雷德（Klaus Dieter Flade）和莱因霍尔德·爱德华（Reinhold Eward）分别于1992年和1997年与俄罗斯宇航员在空间站共事。根据欧洲航天局和运营方俄罗斯联邦航天局（RKA）的合作协议，乌尔夫·默博尔德和托马斯·赖特（Thomas Reiter）进入空间站，后者停留179天，为德国宇航员之最。鉴于俄罗斯航天资金日益紧张，联合飞行是筹集资金的有效途径。仅美国宇航局，为了能参与国际空间站的筹建，就支付给俄方约5亿美元。1997年，俄罗斯航天预算约11亿马克，靠发射外国卫星，提供空间站使用权，一年收入8.5亿马克。原计划2000年"和平号"空间站完成使命，将被分解，并受控坠毁，但美国一投资方愿意注资，空间站有望"续命"。

可以说，俄罗斯航天在90年代发展屡屡受挫，与"和平号"空间站故障频发脱不了关系，次次故障一再让人牵肠挂肚，有些人甚至断言灾难已不可避免：1997年6月底，在和"进步号"航天飞船的手动对接试验中，"光谱号"舱段遭受撞击，一个太阳能电池板受损。碰撞之后，留下一个洞，通往"光谱号"的通道被迫关闭，否则空气泄漏，会危及宇航员的生命安全。就在几个月前，也发生过同样严重的事故，空间站着火，莱因霍尔德·爱德华等宇航员快速扑灭了火灾。

回顾历史，"和平号"空间站尽管成绩显著，但和欧洲太空实验室一样，并未达到预期目标，这是事实。但最终的评判，还取决于国际空间站投入使用后效果如何，毕竟"和平号"空间站和欧洲太空实验室为国际空间站的建立立下了汗马功劳。

第十四章 ——————— 太空旅游和未来计划

21世纪之初，航天活动所呈现的发展态势，远逊色于过去几十年，更不用说航天初期——"伴侣号"、加加林、登月，无一不举世瞩目。也不可否认，大型项目在你追我赶的竞争中更易完成，就像东西方太空竞赛时期。1989年东欧剧变，超级大国尊严之争随即结束，即便美俄两国航天人还一直致力于未来项目，但干劲不可同日而语。问题主要不在于导致诸多航天活动被推迟，甚至被取消的技术难题，而在于资金紧张，以及出于政治层面的考量，应顺应时代发展，优先关注国计民生。就媒体而言，对航天的关注度下降，关注点变化，投入与产出现在成了核心问题，这也符合情理。迄今最大的国际技术项目也不可逆转地受到影响，未来15年，它事关所有载人航天飞行。

国际空间站

假设一切进展顺利，最晚在2002年，地球人就能在清晨和黄昏看到天空中那颗巨大的人造天体，最初建议命名为自由空间站，后来又改为阿尔法空间站，最后采用了中性的名字，简称ISS（国际空间站）。由于筹备和建设工作的种种延误，介于北纬51.6°（德国鲁尔区—哥廷根—哈勒沿线）和南纬51.6°之间的地方，还得耐心等待几年，才能看到这个420吨重、108米×74米足球场大小的庞然大物，在335～460公里高的椭圆轨道绕地球飞行。此前，已有天文学家和宇航员，每3人一组分批进驻国际空间站，停留几个月，在更好的条件下，继续美欧在欧洲太空实验室、俄罗斯在"和平号"空间站已经开始的研究工作。

第一颗人造卫星"伴侣号"开启了航天时代，但建造空间站的计划早已有之。回顾齐奥尔科夫斯基提出的探测太空的设想，当时还显得不切实际，他还首次提出空间站的概念，与赫尔曼·奥伯特不谋而合。1952年，冯·布劳恩在美国《科利尔》杂志撰文，空间站的设想已逐渐成形：一个直径75米的大轮，在地球轨道上围绕自身的轴运动，由此产生重力，这样生活在大轮里变得更容易。在冯·布劳恩看来，这个站主要用作飞入太空的中转站，当时他没想到可以直接从地球飞上月球。

30多年后，美国总统罗纳德·里根促使国际空间站再度成为热议话题，并成功将加拿大、欧洲和日本纳入合作伙伴。冷战结束后的1993年，俄罗斯最后加入，共16个国家参与这个国际大项目，航天合作又被赋予了政治意义，如此一来，美欧航天负责人就手握尚方宝剑，在与反对方的辩论中立于不败之地。反对者一直抱怨，国际空间站耗资太大，不载人卫星和探测器，投入更少，收效却一样。

对俄罗斯的加入，美国表现出极大的热情，仅举一例：1998年11月20日，在拜科努尔发射场，国际空间站的第一个组件，"曙光号"（Sarja）功能货舱成功发射入轨，美国宇航局提供资金资助。几天后，美国"团结号"（Unity）节点舱到达预定轨道，成功对接"曙光号"，完美开局不禁让人有点飘飘然，想当然认为前方一片坦途。乐观主义必定要经受严峻考验，1999年的组装计划未能实施，2000年5月，航天飞机机组人员必须将头两个组件运送至更高轨道，维修工作竟然也要开始了。几周后，"星辰号"（Swesda）服务舱和空间站的组装得以继续。俄罗斯的尤里·吉德岑科（Juri Gidsenko）、谢尔盖·克里卡列夫（Sergej Krikaljow）和美国的威廉·谢泼德（William Shepherd）成为首批入驻国际空间站人员。

在整个安装过程中，俄罗斯的"质子号"火箭（Proton-Rakete），美国的航天飞机和"阿丽亚娜"5型火箭，还发射近50次，执行运输任务。对接舱段、操控系统、大型太阳能电池帆板以及用于居住或科研的圆筒状舱段，被送至目的地，组装后便投入使用。科学家宇航员也要积极创造条件，以便能在太空中连续生活工作数月，既要从事科研工作，也要解决吃饭、睡眠和个人卫生问题。

欧洲为国际空间站建造的"哥伦布"实验舱（COF），作为最后的组件之一被安置到空间站。它长6.7米，直径4.5米，

其外形、配备和以前欧洲太空实验室的高压舱非常相似。位于
慕尼黑上普法芬霍芬的德国宇航中心地面控制中心负责和空
间站保持联络。欧洲航天局开发了自动运载飞船（ATV），运
送燃料和给养，有效载荷9吨。德国为建造国际空间站支付了
25亿马克，占所有欧洲参与国支出费用的40%，但与近1300
亿马克的总投入相比，九牛一毛。16名宇航员已经在曾参与
1985年D1任务的恩斯特·梅塞施密特教授的领导下接受培
训，为驻站工作做准备，受训地点包括位于科隆的德国宇航中
心附近的欧洲航天员中心、荷兰诺德韦克的欧洲空间技术研究
中心和美国得克萨斯州的休斯敦。其中德国宇航员有赖因霍尔
德·埃瓦尔德（Reinhold Ewald）、托马斯·赖特、汉斯·施
勒格尔和格哈德·蒂勒，他们有的乘美国航天飞机进入过太
空，有的进驻过俄罗斯"和平号"空间站。法国女宇航员克洛
迪·艾涅尔（Claudie Haigneré），欧洲飞行经验最为丰富的瑞
士宇航员克劳德·尼科里埃尔（Claude Nicollier），还有来自
意大利、西班牙、瑞典、荷兰的宇航员，将和德国宇航员一
起，每年在"哥伦布"实验舱进行约500项医学、生物学、材
料学和工艺学实验。他们深知自己肩负重任，因为载人航天的
反对者、批评者不再满足于基础领域研究取得的新成果，而是
要求更多的成果转化，为大众服务。

　　为返回地球，始终有飞船往返空间站，遇紧急情况它也可
用作救生艇。老生常谈的太空垃圾日益增多，多次威胁到飞

船和人造卫星的安全，采用织物和泡沫塑料夹层，可作预防
措施。

人类登陆火星？

阿姆斯特朗和奥尔德林探测月球静海的活动尚未尘埃落
定，"人类何时飞往火星"的问题就已抛出。当时航天受到普
遍的追捧，都没意识到前往火星的征途非登月可比。一方面，
月球围绕地球转，两者距离约40万公里，几天就可以到达；
另一方面，火星和地球一样，围绕太阳转，两者之间最近距离
约5600万公里，最远距离约4亿公里。飞往火星，专家打了
个比方，就像从一辆行驶的列车上，将球准确投进另一辆并排
行驶时快时慢的列车的窗户里。但完成这个高难动作并非不可
能，70年代以来，无人探测器多次到达并探测过火星。

火星之旅会是怎么样，作家们脑洞大开，却也所见略
同，更有权威专家提供佐证，比如韦纳·冯·布劳恩和克拉夫
特·A.艾瑞科克（Krafft A. Ehricke）。早在50年代初，他们
就设想了登陆火星的具体情形，随后若干年又做了修正，但核
心内容未变。探索月球大获成功，探索火星自然可以照葫芦
画瓢。但发射地点不同，"阿波罗"飞船从地球上发射，前往
火星的飞船在轨道空间站搭乘运载火箭升空，耗能锐减。6位
机组人员随后开始漫漫征程，他们必须绕太阳飞行半周，行

程约5亿公里，耗时250天左右，才能到达火星轨道。最危险的时刻来临，4名宇航员离开飞船，着陆火星，随后开始探测火星和各种科学实验。火星车行驶在着陆点附近，扩大了探测范围。4名宇航员停留火星上达500天后，终于启动返航程序，回到火星轨道上与两名宇航员驾驶的母船对接，一起返回地球，这同样需要约250天。也就是说，登陆火星耗时总计2年9个月。载人火星航行，耗时之长，宇航员遭受辐射之强，心理、生理承受压力之重，前所未有，这是真正的冒险之旅。

　　因此，不少人会有疑问，这样的计划是否会在近期就付诸实施，比如人类首次登月50周年的2019年。怀疑者甚至认为，未来和现在一样，只能依靠无人探测器和远程遥控机器人"骚扰"这颗红色星球。航天历史的书写者，不应被种种预言和推断左右，当然，他也会看到，过去这些年，航天学的发展所取得的惊人成果，这在几十年前，还近乎天方夜谭。随着国际合作的不断深入，政治经济条件的不断改善，特别是长期研发的新动力系统，可以大大缩短飞行时间，终有一天，事实会证明，相信可以登陆火星的人是有远见的。

太空旅游，移居太空

　　迄今为止，太空飞行，不管是进入地球轨道，还是登月，都是宇航员和科学家的事，他们刻苦训练，精心准备。但是，专家并不怀疑，有一天，普通人也能加入到太空飞行的队伍之中，因为，太空旅游业务有利可图，市场需求也大。相关调查表明，只要价格合适，60%的美国人，43%的德国人，都愿意参加太空旅游。因而不奇怪，精明的旅行社已经开出排队名单，举办种种宣讲活动，即便他们也知道，也许还要等几十年，第一批太空旅游团才能出发。埃德温·奥尔德林，第二个登上月球的人，也积极投身太空旅游。1997年3月，以太空旅游为主题的研讨会在不来梅召开，他欣然前往做报告。戴姆勒-奔驰宇航公司赞助此次研讨会，其间这家德美合资公司宣布，在未来20年，将在450公里高的太空中建造太空旅馆。

有些事情眼下生者还做不到，个别逝者反而有幸得偿所愿。1997年4月，"飞马座号"火箭（Pegasus-Rakete）将24人的骨灰盒送入地球轨道，未来某一天，骨灰盒将会再次进入地球大气层，随即灰飞烟灭。一份特殊的荣誉属于尤金·舒梅克（Eugene Shoemaker），几年前，他发现了一颗彗星，后被命名为舒梅克-列维号彗星。他的骨灰盒被月球"勘探者号"（Lunar Prospector）带到了月球之上，此举遭到美国纳瓦霍印第安人的抗议，他们担心，神圣的月球就此被亵渎了。

航天领域的一些先知早已跳出太空旅游计划和别具一格的太空葬礼的窠臼，预言在遥远的未来，地球居民将离开故土，移居太空。火星是个潜在的目的地，其大气经过改造后，适合人类长期生活。美国宇航局的规划者称其为"地球化"，认为到2170年时有望实现。为什么要劳师动众移民太空？数年前就有人给出了答案："除了我们生存的环境遭遇毁灭性破坏，核杀戮或者大陨石始终威胁着我们的文明，在地球之外为人类寻找安身之所，是明智的，学习如何改造火星，也是值得的。"一些地方人口过度膨胀，生存环境恶化，异想天开移居太空，又多了几分说服力。

　　相较于这些奇思妙想，在月球上建立研究站，由团队接力驻守，要务实得多，毕竟地球月球这条航线开通30多年了。不出意外，在"阿波罗"计划之后，便产生了在月球上建基地的计划。该计划目前遭到冷遇，躺在美国宇航局的办公桌抽屉里日渐发黄，原因很多。一方面，国际空间站是关注的焦点，吸引了大量资金；另一方面，这个项目很难找到赞助方或公共资金，因为它侧重于天文学和天文物理学研究，始终给人阳春白雪之感。

　　1969年，美国普林斯顿大学物理学家杰拉德·K.奥尼尔（Gerard K. O'Neill）提出一项载人航天飞行未来计划，后经多领域专家组团花数年时间完善，或许称得上最为大胆的计划。除了火星和月球，奥尼尔苦思人类能否移居太空中的人造卫星，他称其为太空岛和栖息地。两根巨型圆筒，直径6.5公里，长达32公里，并排绑在一起，围绕同一个轴旋转，同时在类似月球轨道的某一轨道上围绕地球旋转，月球则可作为原材料供应地。最后，人类在这样的居住地安家，其环境和地球相似。奥尼尔为证明其设想的可行性搬出了大名鼎鼎的齐奥尔科夫斯基，并引用他的墓志铭："地球是人类的摇篮，但人不可能永远生活在摇篮里，他们不断地争取着生存世界和空间。起初小心翼翼地穿出大气层，然后就是征服整个太阳系。"

不管世人如何评判梦想者，太空旅行的历史，短短数十载，从第一颗人造卫星"伴侣号"升空，到开启探索月球、行星之旅，绘制气象卫星云图，实现全球卫星通信，直至探索浩瀚无边的宇宙，尤其是重新认识地球，这一切有力地还击了某些怀疑者，教会所有人，要懂得欣赏奇迹。

附　录

航天大事记

1957—1960

1957.10.04　苏联"伴侣1号"，第一颗人造地球卫星发射进入地球轨道

1957.11.03　莱卡狗，第一只随人造卫星飞上太空的地球生物

1958.02.01　美国第一颗卫星"探索者号"发现范·艾伦辐射带

1959.10.04　苏联"月球3号"探测器发射，传回月球背面照片

1960.04.01　美国发射第一颗气象卫星"泰罗斯1号"

1961—1970

1961.04.12　苏联航天员尤里·加加林乘坐"东方1号"宇宙飞船首次进入太空

1962.02.20　约翰·格伦乘坐"水星号"飞船进入太空，美国第一人

1962.07.23　通信卫星"电信1号"实现首次跨大西洋电视转播

1962.08.12　"东方3号"飞船航天员尼古拉耶夫和"东方

4号"飞船航天员波波维奇太空交会飞行

1963.06.16　苏联瓦莲京娜·捷列什科娃成为首位进入太空的女航天员

1964.10.12　携带3名航天员的苏联"上升1号"飞船发射

1965.03.18　阿列克塞·里昂诺夫身上系绳子，离开飞船，成为太空行走第一人

1965.03.23　美国"双子星座号"飞船首次携带2人飞行

1966.01.31　苏联"月神9号"探测器发射，首次实现月球软着陆

1966.03.16　美国"双子星座8号"飞船完成首次对接飞行

1967.01.27　美国宇航员格里森、怀特和查菲在"阿波罗"飞船地面测试中遇难

1967.04.24　新飞船"联盟1号"坠毁，航天员科马洛夫遇难

1968.12.24　"阿波罗8号"飞船搭载宇航员博尔曼、洛威尔和安德斯绕月球飞行

1969.07.20　阿姆斯特朗和奥尔德林乘坐"阿波罗11号"飞船实现人类首次登月

1970.04.14　"阿波罗13号"飞船上的一个氧气罐发生爆炸

1970.11.17 苏联第一个远程遥控月球车登月

1971—1980

1971.04.19 苏联"礼炮1号"空间站发射

1971.06.30 "联盟11号"飞船返回途中出现故障,航天员帕塔萨耶夫、沃尔科尔和多布罗沃尔斯基遇难

1972.12.19 "阿波罗17号"飞船降落水面,"阿波罗"计划结束

1973.05.14 美国"天空实验室"发射

1974.12.10 德国"太阳神1号"探测器发射

1974.12.19 德法联合研制的"交响乐号"通信卫星发射

1975.07.17 美国"阿波罗号"飞船和苏联"联盟号"飞船对接

1976.07.20 美国"海盗1号"探测器登陆火星

1977.08.20 美国行星际探测器"旅行者2号"发射

1978.08.26 西格蒙德·雅恩乘坐"联盟31号"飞船进入太空,德国第一人

1979.07.09 "旅行者2号"探测器到达木星附近

1979.12.24 欧洲"阿丽亚娜号"火箭首次发射

1981—1990

1981.04.12 美国航天飞机"哥伦比亚号"首次飞行

1981.08.25　"旅行者2号"掠过土星

1983.11.28　美国航天飞机携带欧洲太空实验室升空,伍尔夫·梅尔伯特,第一位联邦德国宇航员参与执行任务

1985.10.30　德国宇航员雷恩哈德·弗瑞尔和恩斯特·梅瑟施米德负责的空间实验室D1发射任务

1986.01.24　"旅行者2号"掠过天王星

1986.01.28　"挑战者号"飞船爆炸,7名宇航员遇难

1986.02.19　苏联"和平号"空间站发射

1986.03.14　欧洲空间局发射的"乔托号"探测器接近哈雷彗星,传回照片

1989.08.24　"旅行者2号"到达海王星附近

1989.10.18　美德联合研制的"伽利略号"木星探测器发射

1990.04.25　携带哈勃太空望远镜进入轨道的STS—31任务航天飞机升空

1991—2000

1993.04.26　德国宇航员汉斯·施莱格尔和乌尔里希·瓦尔特执行空间实验室D2发射任务

1994.02.03　俄罗斯宇航员第一次登上美国航天飞机

1996.04.26　最后一块舱段"自然号"和俄罗斯"和平号"空间站对接

1997.07.04 美国"探路者号"探测器携带索杰纳漫游车登陆火星

1998.11.20 来自俄罗斯的第一个组件,国际空间站"曙光号"功能货舱在拜科努尔发射场发射

1998.12.04 来自美国的第一个组件,国际空间站"团结号"节点舱在卡纳维拉尔角发射场发射

1999.08.28 俄罗斯宇航员谢尔盖·阿夫杰耶夫停留太空737天,创造新纪录

1999.12.10 欧洲"阿丽亚娜"5型火箭第一次商业发射

2000.07.12 俄罗斯"星辰号"服务舱在拜科努尔发射场发射升空,前往国际空间站

2000.11.02 俄罗斯的尤里·吉德岑科、谢尔盖·克里卡列夫和美国的威廉·谢泼德成为首批入驻国际空间站人员

德国、奥地利和瑞士宇航员

德国

西格蒙德·雅恩:1937年2月13日出生于福格特兰的劳滕克兰茨

物理学博士,原民主德国少将

航天飞行:1978.08.26—09.03,"礼炮6号"空间站。时长:7天

乌尔夫·默博尔德：1941年6月26日出生于福格特兰的格伦茨

物理学博士

航天飞行：1983.11.28—12.08，"哥伦比亚号"航天飞机搭载欧洲太空实验室；1992.01.22—01.31，"发现号"航天飞机搭载欧洲太空实验室；1994.10.03—11.04，"和平号"空间站。总时长：49天

恩斯特·梅瑟施米德：1945年5月21日出生于罗伊特林根

物理学博士，大学教授

航天飞行：1985.10.30—11.06，搭载"挑战者号"航天飞机执行空间实验室D1任务。时长：7天

雷恩哈德·弗瑞尔：1940年11月25日出生于奥地利的沃格尔

职业飞行员，物理学博士，大学教授

航天飞行：1985.10.30—11.06，搭载"挑战者号"航天飞机执行空间实验室D1任务。时长：7天

1995年9月9日，飞机失事遇难

克劳斯·迪特·弗雷德：1952年8月23日出生于比德斯海姆

工程学硕士，试飞员，空军中校

航天飞行：1992.03.17—03.24，"和平号"空间站。时长：7天

乌尔里希·瓦尔特：1954年2月9日出生于伊塞隆

物理学博士

航天飞行：1993.04.26—05.06，搭载"哥伦比亚号"航天飞机执行空间实验室D2任务。时长：9天

汉斯·施莱格尔：1951年8月3日出生于柏林根

物理学家

航天飞行：1993.04.26—05.06，搭载"哥伦比亚号"航天飞机执行空间实验室D2任务。时长：9天

托马斯·赖特：1958年5月23日出生于美因河畔法兰克福

工程学硕士，空军试飞员

航天飞行：1995.09.03—1996.02.29，"和平号"空间站。时长：180天，两次太空行走

赖因霍尔德·埃瓦尔德：1956年12月18日出生于门兴格拉德巴赫

物理学博士

航天飞行：1997.02.10—03.02，"和平号"空间站。时长：20天

格哈德·蒂勒：1953年9月2日出生于海登海姆

物理学博士

航天飞行：2000.02.11—02.22，"奋进号"航天飞机。时长：11天

奥地利

弗兰兹·维赫伯克（Franz Viehböck）：1960年8月24日出生于维也纳

工程学硕士

航天飞行：1991.10.02—10.10，"和平号"空间站。时长：8天

瑞士

克劳德·尼科里埃尔：1944年9月2日出生于沃韦

物理学家

航天飞行：1992.07.31—08.08，"亚特兰蒂斯号"航天飞机；1993.12.02—12.13，"奋进号"航天飞机；1996.02.22—03.09，"哥伦比亚号"航天飞机；1999.12.14—12.27，"发现号"航天飞机。总时长：48天

参考书目

Apt, Jay u. a.: *Orbit – Die Erde in spektakulären Fotografien der NASA-Astronauten.* Bildband, Augsburg 1997
Armstrong, Neil u. a.: *Wir waren die Ersten.* Frankfurt 1970
Bizony, Piers: *Die Internationale Raumstation.* München 1997
Booth, Nicholas: *Die Erforschung unseres Sonnensystems.* München 1996
Braun, Wernher von: *Bemannte Raumfahrt.* Frankfurt am Main 1968
Büdeler, Werner: *Projekt Apollo.* Gütersloh 1969
Engelhardt, Wolfgang: *Die Internationale Raumstation – Auf dem Weg ins All.* Nürnberg 1997
Esser, Michael: *Der Griff nach den Sternen.* Basel 1999
Fischer, Daniel: *Mission Jupiter. Die spektakuläre Reise der Raumsonde Galileo.* Basel 1998
Goldsmith, Donald: *Die Jagd nach Leben auf dem Mars.* München 1996
Goodwin, Simon: *Mission Hubble.* Augsburg 1996
Gründer, Matthias: *SOS im All – Pannen, Probleme und Katastrophen der bemannten Raumfahrt.* Berlin 2000
Hahn, Hermann-Michael (Hrsg.): *D 1 – unser Weg ins All.* Braunschweig 1985
Hahn, Hermann-Michael: *Das neue Bild vom Sonnensystem.* Stuttgart 1992
Heuseler, Holger: *Zwischen Sonne und Pluto.* München 1999
Hoffmann, Horst: *Sigmund Jähn – Der fliegende Vogtländer.* Berlin 1999
Hofstätter, Rudolf: *Sowjet-Raumfahrt.* Basel 1989
Kelley, Kevin W. (Hrsg.): *Der Heimatplanet.* Bildband, Frankfurt am Main 1996
Kowalski, Gerhard: *Die Gagarin-Story.* Berlin 1999
Light, Michael: *Full Moon – Aufbruch zum Mond.* Bildband, München 1999
Lorenzen, Dirk H.: *Raumsonde Galileo.* Stuttgart 1998
Merbold, Ulf: *Flug ins All.* Bergisch Gladbach 1986
Messerschmid, Ernst u. a.: *Raumstationen – Systeme und Nutzung.* Berlin und Heidelberg 1997
Metzler, Rudolf: *Loewes Weltraumlexikon.* Bindlach 1986
Metzler, Rudolf: *Herausforderung Weltraum.* Stuttgart 1991
Miles, Frank: *Aufbruch zum Mars.* Stuttgart 1988
Oberth, Hermann: *Wege zur Raumschiffahrt.* Bukarest 1974
Oberth, Hermann: *Menschen im Weltraum.* Düsseldorf und Wien 1963
O'Neill, Gerard K.: *Unsere Zukunft im Raum.* Bern 1978
Puttkamer, Jesco von: „*Columbia, hier spricht Adler!*". Weinheim 1969
Puttkamer, Jesco von: *Jahrtausendprojekt Mars.* München 1996
Ruppe, Harry O.: *Die grenzenlose Dimension Raumfahrt.* Bd. 1 und 2, München 1986

Sänger, Eugen: *Raumfahrt heute – morgen – übermorgen.* Düsseldorf und Wien 1964

Sagan, Carl: *Blauer Punkt im All – unsere Zukunft im Kosmos.* München 1996

Stanek, Bruno: *Raumfahrt Lexikon.* Bern 1986

Walter, Ulrich: *In 90 Minuten um die Erde.* Würzburg 1997

Walter, Ulrich: *Zivilisationen im All.* Heidelberg und Berlin 1999

Zimmer, Harro: *Der rote Orbit. Glanz und Elend der russischen Raumfahrt.* Stuttgart 1996